数模电路应用基础(下)

主　编　王莉君　董　昕
副主编　杜　娥　李　丹　罗茂麒
　　　　颜珂斐　钟耀霞　钟淑蓉

北京理工大学出版社
BEIJING INSTITUTE OF TECHNOLOGY PRESS

内容简介

本书分为上、下两篇。上篇为实验篇,分别介绍了电路分析实验、模拟电路实验、数字电路实验、数模电路应用实验、EWB仿真,包括叠加定理、戴维南定理、放大器、运算电路、数字组合逻辑电路器件、触发器、时序逻辑电路器件、EWB软件介绍、EWB常用电路分析方法、直流电路动态电路EWB仿真、触发器仿真、编译码器仿真等;下篇为习题解答篇,详细解析了《数模电路应用基础》上册和中册的课后习题。

《数模电路应用基础》基于CDIO工程教育模式编写,主要解决高校教育中重理论轻实践的问题,适用于应用型本科院校电子信息工程专业和通信工程专业的教学。

版权专有　侵权必究

图书在版编目(CIP)数据

数模电路应用基础.下/王莉君,董昕主编.—北京:北京理工大学出版社,2021.1
ISBN 978-7-5682-9438-6

Ⅰ.①数… Ⅱ.①王… ②董… Ⅲ.①数字电路-高等学校-教材 ②模拟电路-高等学校-教材
Ⅳ.①TN79 ②TN710.4

中国版本图书馆 CIP 数据核字(2021)第005059号

出版发行 / 北京理工大学出版社有限责任公司	
社　　址 / 北京市海淀区中关村南大街5号	
邮　　编 / 100081	
电　　话 / (010)68914775(总编室)	
(010)82562903(教材售后服务热线)	
(010)68948351(其他图书服务热线)	
网　　址 / http://www.bitpress.com.cn	
经　　销 / 全国各地新华书店	
印　　刷 / 涿州市新华印刷有限公司	
开　　本 / 787毫米×1092毫米　1/16	
印　　张 / 12	责任编辑 / 张鑫星
字　　数 / 282千字	文案编辑 / 张鑫星
版　　次 / 2021年1月第1版　2021年1月第1次印刷	责任校对 / 刘亚男
定　　价 / 36.00元	责任印制 / 李志强

图书出现印装质量问题,请拨打售后服务热线,本社负责调换

前　　言

　　"数模电路应用基础"课程是电子信息工程专业和通信工程专业开设的专业基础课程。为使学生在学习"数模电路应用基础"理论知识的同时,增强实践操作能力,作者特编写本书以帮助学生进一步理解知识,使学生能够理论联系实践,培养电子信息工程和通信工程专业技术人才。

　　本书实验部分包括电路分析实验、模拟电路实验、数字电路实验、数模电路应用实验、EWB 仿真,要求学生能够根据实验室的条件,在实验室进行硬件的操作实验,并能够在计算机上利用 EWB 5.0 进行软件仿真实验。

　　全书共有 16 章,其中第一章由李丹编写,第二章由罗茂麒编写,实验 4.3~4.11 由颜珂斐编写,第五到第九章由王莉君编写,第十、十一、十五章由钟耀霞编写,第十二、十三章由钟淑蓉编写、第三章、实验 4.1、4.2、第十四、十六章由杜娥编写。本书在董昕教授的组织与指导下完成。

　　由于作者水平和编写时间的限制,书中难免有疏漏和不妥之处,敬请读者不吝指教。

编　者

目　　录

上篇　实验篇

下篇 习题解答篇

上篇

实验篇

第一章

电路分析实验

实验 1.1　Si-47 万用表的使用和叠加定理的研究

一、实验目的

（1）了解 Si-47 万用表的原理及技术指标。

（2）掌握指针万用表和数字万用表的使用方法。

（3）掌握验证叠加定理的方法。

二、实验设备

Si-47 万用表 1 个、数字万用表 1 个、YUY-SAD 数字/模拟电路实验箱 1 台、电路实验板（面包板）1 块、直流稳压电源 1 台。

三、实验原理

1. 万用表的使用

普通万用表测量值的准确度与电表的精度等级（满刻度相对误差）、内阻及使用方法等有关，使用时应注意以下几点：

（1）使用前，应检查指针是否指零。如果万用表未指零，则应调整其机械零点。测电阻前应先进行欧姆调零。

（2）万用表的满刻度相对误差，即精度等级是不随量程而改变的。测量时选用不同量程，可以产生不同的最大绝对误差。

例如，若 Si-47 万用表选用 10 V、50 V 和 250 V 挡，则产生的最大绝对误差分别是 ±0.25 V、±1.25 V 和 ±6.25 V。因此，当测量电压或电流时，应选择适当的量程，并使读数值在满读数的 30% 以上。

对于同一被测量，用精度等级不同的万用表测量，如果量程选择得当，则精度等级高的万用表测量误差小；如果量程选择不当，则产生的误差加大。因此，选用精度等级高的万用表测量误差小，但必须同时选用适当的量程。总之，可能具有的最大绝对误差为万用表的精度与量程的乘积。

（3）测量直流电压。根据电压测量原理，只有当万用表内阻远远大于被测端的等效电阻时，万用表引入的误差才可忽略不计。万用表的内阻为灵敏度与量程的乘积，为减小万用表内阻对测量的影响，可适当选用较大的量程，但是，由于大量程具有更大的绝对误差，故此时等级误差带来的附加影响也增大了。

（4）测量交流电压。除合理选择量程外，还应注意万用表的交流电压频率和被测电压的波形。

例如，Si-47 万用表允许测量频率为 45～1 000 Hz、波形失真<2% 的正弦波电压，对于更高频率或更低频率和非正弦的电压测量，万用表的测量误差将增大。

（5）当测量电阻时，电路不应处在带电状态，否则欧姆表指示值会受被测端电压的影响。

（6）万用表应放平使用，正负极性应连接正确，正确读数且万用表周围不能有强磁场。

2. Si-47 万用表简介

Si-47 万用表由外磁式表头、转换开关和内部电路组成，主要用于测量电阻、交流和直流电压、直流电流、晶体管放大倍数和电池电压等，其指标见表 1-1。

表 1-1 Si-47 万用表的指标

被测量	指 标
直流电压	500 V、1 000 V、2 500 V 挡，灵敏度为 9 kΩ/V，精度为2.5%
直流电流	50 μA、50 mA、500 mA 和 10 A 挡，精度为2.5%
交流电压	10 V、50 V、250 V、500 V、1 000 V、2 500 V 挡，灵敏度为 9 kΩ/V，精度为 5%
电阻	$R×1,R×10,R×100,R×1\ k,R×10\ k$ 挡，$R×1$ 挡的中心刻度为 20 Ω，精度为2.5%
晶体管放大倍数	0～1 000
电池电压	1.5 V、9 V
负载电阻	12 Ω、900 Ω，精度为 5%

Si-47 万用表测量直流电的精度为2.5级，测量交流电的精度为 5 级。

四、实验步骤

1. 确定电压表量程与测量准确度的关系

确定电压表量程与测量准确度关系的测量电路如图 1-1 所示，直流稳压电源输出电压为（9.5±0.01）V（由数字万用表测试），用 Si-47 万用表进行测量，将测量结果记录于表 1-2 中，并计算最大相对误差。

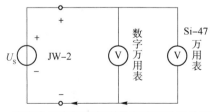

图 1-1 确定电压表量程与测量准确度关系的测量电路

表 1-2　电压表量程与测量准确度的关系测量任务表

Si-47 万用表量程/V	0~10	0~50	0~250
最大绝对误差 Δm/V			
测量值 $U_{\rm S}'$/V			
最大相对误差 $r_{\rm m}=\dfrac{\Delta m}{U_{\rm S}'}\times100\%$			

2. 确定电压表内阻对测量值的影响

电压表内阻对测量值影响的测量电路如图 1-2 所示,用 Si-47 万用表的 0~10 V 量程分别测量分压点 1、2、3、4 对公共点 B 的电压,记录于表 1-3 中,并画出电压与电阻的关系曲线。

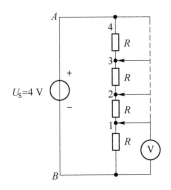

图 1-2　电压表内阻对测量值影响的测量电路

表 1-3　电压表内阻对测量值影响的测量任务表

nR		电阻值		
		$R=1\ {\rm k}\Omega$	$R=20\ {\rm k}\Omega$	$R=100\ {\rm k}\Omega$
1R	Si-47 万用表测量			
	数字万用表测量			
2R	Si-47 万用表测量			
	数字万用表测量			
3R	Si-47 万用表测量			
	数字万用表测量			
4R	Si-47 万用表测量			
	数字万用表测量			

3. 验证叠加定理

在线性电路中,任一支路的电流或电压都是电路中每一个独立源单独作用在该支路所产生的电流或电压的代数和。

叠加定理的验证电路如图 1-3 所示,测量时应注意电流方向,将测量值填入表 1-4 中,并比较测量结果。

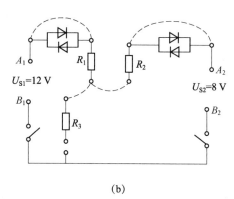

图 1-3　叠加定理的验证电路

(a)原理图;(b)实际连接图

表 1-4　叠加定理验证的测量任务表

支路电压电流	作用电压					
	U_{S1}单独作用		U_{S2}单独作用		U_{S1}、U_{S2}同时作用	
	计算值	测量值	计算值	测量值	计算值	测量值
I_1/mA						
I_2/mA						
I_3/mA						
U_{AB}/V						

五、实验报告

（1）万用表可以测量哪些物理量？什么是万用表的接入误差？

（2）万用表的欧姆挡有什么特点？利用万用表测量电阻时应注意什么？

（3）在测量电压或电流时,如果不能估计被测值的大小,应怎样操作才能保证安全?

实验 1.2　戴维南定理的验证

一、实验目的

（1）理解戴维南定理。

（2）掌握戴维南定理等效电路参数的测试方法。

（3）掌握证明负载上获得最大功率条件的实验方法。

二、实验设备

数字万用表 1 个、Si-47 万用表 1 个、ZX38P/11 交/直流电阻箱（简称可变电阻箱）1 台、YUY-SAD 数字/模拟电路实验箱 1 台、电路实验板 1 块。

三、实验原理

任何一个线性含源二端口网络 N，从端口 A、B 看，总可以用一个电压源 U_S 与一个电阻 R_0 串联的支路来代替，如图 1-4 所示。电压源的电压 U_S 等于该网络 N 的开路电压 U_{OC}，其中，串联电阻 R_0 等效于该网络 N 的所有独立源为零时的电阻，即 R_{AB}。

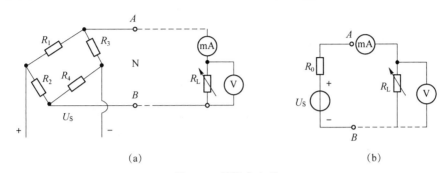

图 1-4　戴维南定理

(a)原电路；(b)等效电路

电路中 $R_1 = 220\ \Omega$，$R_2 = R_3 = 820\ \Omega$，$R_4 = 270\ \Omega$，R_L 为负载电阻，R_0 为等效电阻，U_{OC} 为开路电压，$U_S = 12\ V$。

四、实验步骤

1. 测量等效电压

接入恒定电压源 $U_S = 12\ V$，用数字万用表测量 A、B 两端的电压 U_{AB}，此时 $U_{AB} = U_{OC}$。

2. 测量等效电阻

等效电阻的测量方法有以下 3 种。

(1)直接测量法。去掉网络中的电压源 U_S，即用短接线将电压源短路，用万用表直接测量 A、B 两端的电阻 R_{AB}，即 $R_{AB} = R_0$。

(2)开路短路法。测出 A、B 两端的开路电压 U_{OC} 及短路电流 I_{SC}，则等效电阻 $R_0 = U_{OC}/I_{SC}$。

(3)二次电压测量法。首先测出 A、B 两端的开路电压 U_{OC}，然后在 A、B 两端接入已知电阻 R_L（电阻箱），测出 A、B 两端的电压 U，则等效电阻 R_0 为

$$R_0 = \left(\frac{U_{OC}}{U} - 1 \right) R_L \tag{1-1}$$

本实验中 U_{OC} 和 R_0 的测量方法由读者根据情况自行决定，可以使用其中一种测量方法，也可以使用多种测量方法对测量结果进行比较。

3. 测量含源二端网络的伏安特性

按图 1-4(a)连接电路，将 Si-47 万用表置于 50 mA 电流挡，与 R_L 串联；将数字万用表与 R_L 并联。

(1)改变 R_L 的阻值，将测得的电压 U_L 和电流 I_L 填入表 1-5 中。

（2）测量 A、B 两端的开路电压 U_{OC}。

（3）测量等效电阻 R_0。

（4）利用测得的 U_{OC} 和 R_0 组成戴维南等效电路，并与 R_L 串联，改变 R_L 的阻值，测量 R_L 两端的电压 U_L' 和流过的电流 I_L'，填入表 1-5 中，比较 R_L 的电压和电流，验证戴维南定理。

（5）计算当 R_L 值不同时，负载上获得的功率。同时，验证 $P_{max} = \dfrac{U_S^2}{4R_0}$，并说明获得最大功率的条件。（$R_L$、$R_0$ 采用可变电阻箱）

表 1-5　戴维南定理验证的测量任务表

测量参数		R_L								
		$R_L = 0\ \Omega$	$R_L = 100\ \Omega$	$R_L = 200\ \Omega$	$R_L = R_0$	$R_L = 400\ \Omega$	$R_L = 500\ \Omega$	$R_L = 600\ \Omega$	$R_L = 800\ \Omega$	$R_L = \infty$
原网络	U_L/V									
	I_L/mA									
	P_L/mW									
等效网络	U_L'/V									
	I_L'/mA									
	P_L'/mW									

五、实验报告

（1）整理实验数据，讨论戴维南原电路和等效电路的结果，并分析产生误差的原因。

（2）讨论测量 R_0、U_{OC} 的方法和误差来源。

（3）绘制功率传输曲线 $P=IU$，并说明最大功率的条件。

（4）戴维南定理的使用条件是什么？如果实验电路中的电源是交流正弦波，结果将会怎样？

实验 1.3　伏安特性的点测法

一、实验目的

（1）掌握用点测法测定晶体二极管、电压源和电流源伏安特性的方法。

（2）掌握万用表、直流稳压电源等仪器的使用方法。

二、实验设备

JW-2 型（或 3 型）直流稳压稳流电源 1 台，数字万用表 1 个，Si-47 万用表 1 个，ZX-21 型旋转式电阻箱 1 个，通用实验板 1 块，晶体二极管 1 只，电阻（1 kΩ、2 W）2 个。

三、实验原理

1. 二端元件的伏安特性

用元件两端的电压与通过元件的电流之间的关系来表示二端元件的特性,其电压与电流的关系通常称为元件的伏安特性。二端元件的伏安特性是平面上的一条曲线。

线性元件的伏安特性服从欧姆定律,在平面上是一条通过原点、斜率为 R 的直线,如图 1-5(a)所示。该特性与元件电压、电流的大小和方向无关。

非线性元件不服从欧姆定律,其电阻值随电压、电流大小或方向的不同而变化,其伏安特性是通过原点的一条曲线。二极管的伏安特性如图 1-5(b)所示。

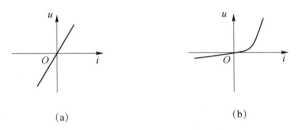

(a)   (b)

图 1-5 二端元件的伏安特性

(a)电阻的伏安特性;(b)二极管的伏安特性

2. 电压源的伏安特性

保持端电压为定值的电压源称为理想电压源,其基本特性有:①理想电压源的端电压是定值或一定的时间函数,与流过的电流无关;②流过理想电压源的电流不是由电压源本身决定的,而是由与之相连接的外电路所决定的。理想电压源的伏安特性(也称电源外特性)如图 1-6(a)所示。

理想电压源实际上是不存在的。实际电压源具有一定大小的内阻 R_s,可以用一个理想电压源 U_s 和一个电阻 R_s 串联的电路模型来表示,当电压源中有电流流过时,内阻产生电压降,端电压 U 表示为 $U=U_s-R_sI$。

实际电压源的伏安特性如图 1-6(b)所示。

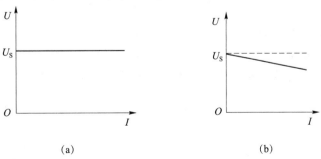

(a)   (b)

图 1-6 电压源的伏安特性

(a)理想电压源;(b)实际电压源

实际电压源的内阻 R_S 越小,其特性越接近理想电压源。本实验所用的 JW-2 型(或 3 型)直流稳压电源的伏安特性非常接近理想电压源,当通过它的电流在规定范围变化时,可以认为是理想电压源。

3. 电流源的伏安特性

理想电流源给外电路提供恒定的电流,其基本性质有:①电流是定值或一定的时间函数,与端电压的大小无关;②端电压不是由电流源本身决定的,而是由与它相连的外电路决定的。理想电流源的伏安特性如图 1-7(a)所示。

理想电流源实际上并不存在。当实际电流源端电压增加时,通过外电路的电流下降。端电压越高,电流下降得越多;端电压越低,通过外电路的电流越大;当端电压为 0 V 时,流过外电路的电流为电流源的值。

实际的电流源可以用一个理想电流源 I_S 和内阻 R_S 并联的电路模型来表示。内阻 R_S 表明了电源内部的分流效应,外电路的电流 I 为

$$I = I_S - \frac{U}{R_S} \tag{1-2}$$

式中,I_S 为流过内阻的电流;U 为外电路的电压。

实际电流源的内阻越大,内阻分流作用就越小,也就越接近于理想电流源。实际电流源的伏安特性如图 1-7(b)所示。

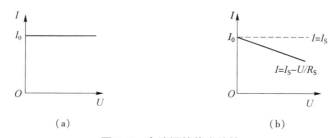

图 1-7 电流源的伏安特性
(a)理想电流源;(b)实际电流源

四、实验步骤

1. 测量二极管的伏安特性

二极管正向特性测量电路如图 1-8 所示。R 为 1 kΩ 限流电阻,使用 Si-47 万用表测量电流,数字万用表测量电压,按照表 1-6 中电压进行测量,将测得的电流填入表 1-6 中。

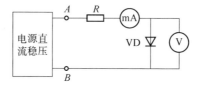

图 1-8 二极管正向特性测量电路

表 1-6 二极管正向特性测量任务表

U/V	0	0.05	0.10	0.20	0.40	0.50	0.60	0.65	0.70	0.80
I/mA										

二极管反向特性测量电路及任务表需读者自行设计,并在同一坐标纸上画出二极管正、反向特性曲线。

2. 测量电压源的伏安特性

自拟电路,测出实验数据(各 5 组),并在坐标纸上绘出理想电压源和实际电压源的伏安特性曲线。

3. 测量电流源的伏安特性

(1) 理想电流源的伏安特性测量电路如图 1-9(a)所示。直流稳压电源的输出电压调至 28 V 左右,将"稳流调节"旋钮沿顺时针方向旋到最大位置,接上电流表,再沿逆时针方向调节 "稳流调节"旋钮,使输出电流 $I_S = 200$ mA。按表 1-7 给定的电阻 R 值测量电流 I_S 值,记录 U 值。

表 1-7 理想电流源的伏安特性测量任务表

R/Ω	0	20	40	60	80	100
I_S/mA						
U/V						

(2) 实际电流源的测量电路如图 1-9(b)所示。$I_S = 200$ mA,$R_S = 100$ Ω,测量方法与理想电流源相同。按表 1-8 给定的电流 I 值测量 U、R 的值并记录在表 1-8 中。

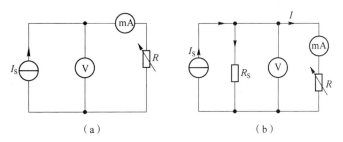

图 1-9 电流源伏安特性测量电路

(a)理想电流源;(b)实际电流源

表 1-8 实际电流源的伏安特性测量任务表

I/mA	200	180	160	140	120	100	80	60	40	20	0
U/V											
R/Ω											

在同一张坐标纸上画出所测得的两种电流源的伏安特性曲线,并与计算值比较,分析产生误差的原因。

五、实验报告

（1）举出几个比较接近理想电压源和理想电流源的实际例子。
（2）比较电压源和电流源的伏安特性曲线，简述它们的性质。
（3）总结实验过程中仪器仪表使用的注意事项。

实验1.4 信号源与示波器的正确使用

一、实验目的

（1）掌握示波器与信号发生器的使用方法。
（2）掌握测试示波器信号波形参数的方法。

二、实验设备

YB4360F 型示波器 1 台、YB1638 型信号发生器 1 台。

三、实验原理

1. 示波器的基本组成

示波器可以用来观察电信号的时域动态变化，并定量测量表征电信号特征的参数，如电压的幅值、频率和相位，以及脉冲的重复周期、脉宽、上升时间和下降时间等。但是，除了现代高精度示波器外，一般的示波器仅用于波形显示，当用于定量测试时，其测试结果的精度不高，一般为 3%～10%。示波器的组成如图 1-10 所示。

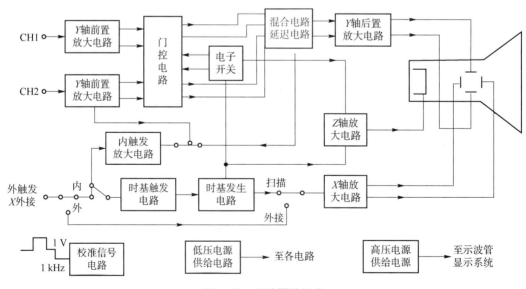

图 1-10 示波器的组成

1）示波管

示波器是由示波管及相关电路组成的,示波管是示波器的核心,由电子枪、偏转板和荧光屏3部分组成,如图1-11所示。

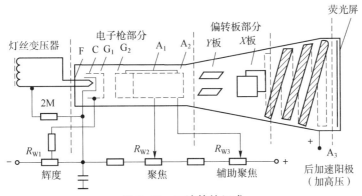

图1-11　示波管的组成

（1）电子枪。电子枪能够产生极细的高速电子束,轰击荧光屏产生光点。目前广泛采用的无阳极电流型电子枪由灯丝（F）、阴极（C）、控制栅极（G_1）、前加速极（G_2）、第一阳极（A_1）和第二阳极（A_2）组成。

（2）偏转板。偏转系统包括相互垂直的2对偏转板,即Y_1、Y_2和X_1、X_2。信号加在偏转板上,板间形成电场,电子束受电场力作用而偏转,偏转距离的大小与所加电压成正比。一般示波管光点偏转1 cm,偏转板相应要加十几伏电压。因此,信号电压都是经过垂直偏转放大系统和水平偏转放大系统放大后加到偏转板上的。

（3）荧光屏。荧光屏的作用是在高速电子轰击下激发可见光,发光强度取决于电子数量、密度及速度。高速电子轰击荧光屏后,仅有4%~10%的能量转化为可见光辐射,大部分转化为热能或激发二次电子,还有一部分耗散在不可见光里。既然高速电子的一部分能量转化为热能,因此使用示波器时,绝不能让光点长时间停留在一点上,否则会使该点的荧光物质失去发光能力。

另外,荧光物质决定发光颜色和余辉长短。一般来说,高频示波器多用蓝色（或紫色）及短余辉（1~10 ms）荧光物质;普通示波器多用绿色及中余辉（1 ms~0.1 s）荧光物质;低频示波器多用黄色及长余辉（0.1~1 s）荧光物质。后加速阳极A_3是示波管锥体内壁的石墨涂层,加上正电压使电子再次加速以提高亮度,并且可吸收从荧光屏上激发出的二次电子。

2）垂直偏转系统

垂直偏转系统由2套（CH_1、CH_2）独立的增益控制器和前置放大器及1个主放大器组成。示波器可以单独显示1路（CH_1或CH_2）,也可同时显示2路。由于示波器可以定量测量信号幅度,因此前置放大器和衰减器的各挡需要保证一定的精度（如±4%等）,但此时"伏/格"（V/div）微调旋钮（红）必须置于校准位（CAL）。

3）扫描速度

为便于观测频率不同或上升时间不同的被测信号,必须通过"时间/格"（t/div）旋钮选择适于观测的扫描速度。例如,当被测信号频率$f \approx 50$ kHz（周期$T \approx 20$ μs）时,为在荧光屏上显现 2~3 个周期，扫描周期应为 40~60 μs，因此"t/div"旋钮应置于 5 μs/div 或 10 μs/div。若扫描周期过长，显现的波形则过密，不易看清楚；若扫描周期过短，则有时只能看到波形的一小部分，也不易辨别。从迅速捕捉被测信号波形考虑，开始的时候选择扫描周期长些为宜。由于示波器可以定量测量信号的周期、脉宽和上升时间等参数，时基扫描速度需要保证一定的精度，因此在定量测量时，"时间/格"（t/div）微调旋钮（红）必须置于校准位（CAL）。

4）示波器的使用方法

（1）调节扫描线。接通电源，把相关旋钮或开关置于如下位置：①辉度旋钮调整到适当位置；②"Y 轴移位"和"X 轴移位"居中；③显示方式开关置于 Y_1 或 Y_2；④Y 轴输入选择开关"DC、接地、AC"置于"接地"，此时示波器 Y 通道无输入信号；⑤扫描方式"自动、触发、单次"置于"自动"，此时屏幕上应出现 1 条扫描线，即时基线，调节旋钮即可得到 1 条亮度适当、聚焦良好、位置居中的扫描线。

（2）观察被测波形。以显示校准信号为例，将 Y_1 或 Y_2 输入选择开关置于"AC"位置，校准信号与 Y_1 或 Y_2 输入端相连，灵敏度开关置于"0.5 V"挡，并把微调旋钮转到"标准"位置，扫描速度置于"0.2 ms/div"，校准信号频率为 1 kHz，幅度为 2 V，把扫描方式置于"自动"位置（因为校准信号频率较低），此时屏幕上将显示出幅度约为 4 格的矩形波。

在测量时，为了减小示波器接入后对被测信号的影响，应使用探头，此时，信号衰减 10 倍后进入示波器。

（3）电压测量。使示波器"V/div"的微调旋钮（红）沿顺时针旋到底（位于"标准"位置），选择适当的挡级，就可以根据该挡级指示值计算被测的电压值 U，即

$$U = V \times H \tag{1-3}$$

式中，V 为"V/div"旋钮的指示值，如 5 mV、10 mV、…、5 V；H 为被测电压波形的峰-峰高度的格数。

当信号经探头输入时，被测电压的计算方法为

$$U = V \times H \times 10 \tag{1-4}$$

式中，10 为探头的衰减倍率。

应当指出，多数被测电压可能同时包含交流及直流成分，在测量时应加以注意，其具体如下：

①交流成分的测量。当测量交流成分时，必须将 Y 输入选择开关置于"AC"位置，以便把被测信号的直流分量隔开。但是当输入信号的交流成分频率很低时，则应将 Y 轴输入耦合开。

测量信号的交流分量时，一般可按如下方法进行：

a. 将波形移至屏幕的中心位置，利用"V/div"旋钮把被测波形控制在屏幕的有效工作面积范围内，把微调旋钮沿顺时针方向旋至"标准"位置；

b. 根据坐标刻度读取整个波形所占 Y 轴方向的格数。

例如，将示波器的 Y 轴灵敏度开关"V/div"旋钮置于"0.2 V"挡，微调旋钮置于"标准"位置，此时，如果被测波形占 Y 轴方向的格数 H 为 5，则信号电压为 1 V（峰-峰值）。如果是经过探头测量的，示波器面板上开关的位置不变，显示波形的幅度仍为 5 格，那么，把探头衰减 10 倍的因素考虑进去，则被测信号电压为 10 V（峰-峰值）。

②直流成分的测量。示波器可以作为电压表使用。测量直流电压值的方法如下：

a. 首先将扫描方式开关置于"自动"，使扫描发生器工作在自激状态，屏幕上显示时基线。

b. 再将 Y 轴输入选择开关"DC、接地、AC"置于"接地"位置，使用"Y 轴移位"，将时基线固定在荧光屏某一适当横线上（一般为了便于读数，常使时基线的位置与坐标的厘米分格刻线重合），此时显示的时基线就是零电位的参考基准线。

c. 将 Y 轴输入选择开关转至"DC"位置，加入被测信号，观察时基线在 Y 轴方向产生的位移。

d. 此时"V/div"旋钮在面板上的指示值（微调旋钮应置于"标准"位置）与时基线在 Y 轴方向位移格数的乘积即为测得的直流电压值。

例如，示波器的"V/div"旋钮位于"0.1 V"位置，Y 轴输入选择开关转至"接地"位置，观察时基线的位置并移至屏幕的中心。

然后将 Y 轴输入选择开关由"接地"转至"DC"位置，加入被测信号，此时若时基线由中心位置（基准位置）向上移动 5 格，则被测电压为 +5 V（不接探头），如果向下移动则电压极性为负。

当被测电压比较高时，使用探头，其读出的电压值应增大至 10 倍。

（4）时间测量。当示波器的"t/div"旋钮置于"校准"位置时，屏幕上的波形在 X 轴方向的速度可按"t/div"旋钮的指示值读数，利用这个方法能较准确地计算出相关时间。

① 测间隔时间。根据 X 轴的刻度（格），在波形上读出被测两点之间 X 轴方向上的距离的格数 D，将 D 乘以"t/div"旋钮所在位置每格的时间 t，得到所需测量的间隔时间 T，即

$$T = t \times D \qquad\qquad (1-5)$$

如果使用了"扩展×10"装置，则相当于扫描速度增快了 10 倍，此时应将测得时间间隔除以 10，即

$$T = t \times D/10 \qquad\qquad (1-6)$$

② 测时间差。使用"$Y_1 \cdot Y_2$"双踪的显示方式可以方便地测得两个信号之间的时间差。先把触发选择开关置于"内置发 Y_1"的位置上，然后把被测的超前信号与 Y_1 相连，把滞后信号与 Y_2 输入端相连，触发扫描后，根据波形即可计算出相差的时间值。

2. 信号发生器

信号发生器具有稳定性高、线性高、失真低和直接显示频率的特点，它能产生三角波、方波、斜波和脉冲波，用 5 位数字 LED 显示频率，并设置 3 位电压显示。图 1-12 所示为 YB1638 型信号发生器的原理。

YB1638 型发生器的频率范围为 0.02 Hz~3 MHz，将其分为 7 段，从 1 Hz 到 1 MHz 的每个频段的范围都有交叉，从而使频率连续可调。输出幅度连续可调（约 20 dB），并另有 2 只 -20 dB 及 -40 dB 的衰减器，输出范围为 20 mV~20 V（峰-峰值），输出阻抗为 50 Ω。对称度可从 1∶1（CAL）变到 40∶1，脉冲波和方波均可倒相。TTL/CMOS 可与输出同步，TTL 电平固定，可推动 20 个逻辑门；CMOS 电平可在 5~15 V 连续可调，以满足 CMOS 域的应用与实验。

计数器既可显示内部信号的频率，也可外测信号的频率，其灵敏度为 30 mV（峰-峰值），最大输入电压为 150 V，分辨率为 0.1 Hz，输入阻抗为 1 MΩ。

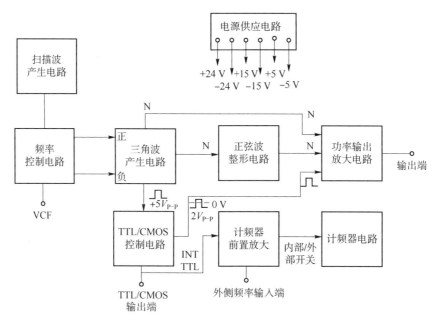

图 1-12　YB1638 型信号发生器的原理

YB1638 型信号发生器的参数如下。

（1）频率范围：0.2 Hz~3 MHz，分 7 个频段，由 LED 直接读出。

（2）波形：正弦波、三角波、方波、TTL、CMOS、脉冲波、斜波、非对称正弦波和扫描波。

（3）稳定度：通电 15 min 后信号失真率不超过 0.05%，通电 24 h 后信号失真率不超过 0.25%。

（4）可调对称度：从 1∶1 到 40∶1 连续可调，且与频率无关。

（5）直流偏置：无负载时为 ±10 V，有 50 Ω 负载时为 ±5 V。

四、实验步骤

（1）熟悉双踪示波器主要开关和旋钮的作用，观察示波器的校准信号，并测出信号的幅值和频率，绘出波形。

（2）观测信号发生器的正弦波（$f = 1.65$ kHz，参考电压 $U_{eff} = 2$ V）、三角波（$f = 12.8$ kHz，$V_{P-P} = 4.2$ V），并分别记录下"t/div"和"V/div"旋钮所指的值及正弦波、三角波在 X 轴和 Y 轴占的格数，此时正弦信号的有效值为

$$U_{eff} = \frac{V_{P-P}}{2\sqrt{2}} \tag{1-7}$$

根据式（1-7）绘出波形图。

（3）调节脉冲波的脉宽为 40 μs、幅值 $V_{P-P} = 300$ mV，记录"V/div"旋钮所指的值并绘出波形图。

（4）根据要求，将测得的数据填入表 1-9 并绘出各信号的波形图。

表 1-9 函数发生器正弦波测量任务表

信号波形	V	Y	t	X	V_{P-P}	T	F
校正信号							
正弦波 $f=1.65$ kHz, $U_{eff}=2$ V							
三角波 $f=1.28$ kHz, $V_{P-P}=4.2$ V							
脉冲波 $T_W=8$ μs, $V_{P-P}=300$ mV							

五、实验报告

（1）记录所测各波形，标明被测信号波形的幅值和周期。

（2）记录正弦波 u_S 和余弦波 u_C 的相位差，并与理论计算值比较。

（3）简述用示波器测信号波形的方法。

实验 1.5 R、L、C 元件性能及 KVL 方程的相量形式研究

一、实验目的

（1）理解 KVL 方程在正弦稳态电路中的表现形式。

（2）掌握用示波器测正弦稳态电路参数的方法。

二、实验设备

YB4360F 型示波器 1 台、YB1638 型信号发生器 1 台、通用实验板 1 块、220 kΩ 和 24 Ω 的电阻各 1 个、10 mH 的电感 1 个、0.01 μF 的电容 1 个。

三、实验原理

在关联参考方向下，线性非时变元件的伏安关系为

$$u = Ri, i = C\frac{du}{dt}, u = L\frac{di}{dt} \tag{1-8}$$

由式（1-8）可以看出，纯电阻上的电压与原信号同相，无相位变化；电容上的电流与电压的变化率有关；电感上的电压与电流的变化率有关。在正弦稳态电路中，这些元件的电阻、电流都是同频率的正弦波，当要研究的元件连接在正弦稳态电路中时，如图 1-13 所示，被测元件两端的电压和电流可表示为

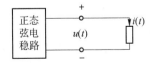

图 1-13 正弦稳态电路中的一个元件

$$u(t) = U_\mathrm{m}\cos(\omega t + \varphi_u) = \mathrm{Re}(\sqrt{2}\ \dot{U}\mathrm{e}^{\mathrm{j}\omega t}) \tag{1-9}$$

$$i(t) = I_\mathrm{m}\cos(\omega t + \varphi_i) = \mathrm{Im}(\sqrt{2}\ \dot{I}\mathrm{e}^{\mathrm{j}\omega t}) \tag{1-10}$$

式中，$\dot{U} = U_\mathrm{m} < \varphi_u, \dot{I} = I_\mathrm{m} < \varphi_i$。

根据 R、L、C 的伏安关系，分别求得它们的 U、I 关系如下：

（1）对于电阻 R 来说，由 $u = Ri$ 可得

$$U_\mathrm{m}\cos(\omega t + \varphi_u) = RI_\mathrm{m}\cos(\omega t + \varphi_i)$$

$$\mathrm{Re}(\sqrt{2}\ \dot{U}\mathrm{e}^{\mathrm{j}\omega t}) = \mathrm{Re}^{\mathrm{j}\omega t}(R\sqrt{2}I_\mathrm{m}\mathrm{e}^{\mathrm{j}\omega t}) \tag{1-11}$$

$$\dot{U} = R\dot{I} \tag{1-12}$$

式（1-12）即为电阻 R 伏安关系的相量形式，表明 U、I 符合欧姆定律，电压与电流同相。

（2）对于电容来说，由 $i = C\dfrac{\mathrm{d}u}{\mathrm{d}t}$ 可得

$$
\begin{aligned}
I_\mathrm{m}\cos(\omega t + \varphi_i) &= C \cdot U_\mathrm{m}\sin(\omega t + \varphi_u) \\
&= C \cdot U_\mathrm{m}\cos(\omega t + \varphi_u + 90°) \\
&= \dot{I} = \mathrm{j}\omega C\dot{U}
\end{aligned} \tag{1-13}
$$

式（1-13）表明，电容器的电压、电流有效值关系不仅与 C 有关，还与角频率 ω 有关，而电阻的这一关系与 ω 无关。当 C 和 U 一定时，ω 越高，I 越大，即电流越容易通过；反之，电流越难通过，且电流 I 的相位超前电压 90°。

（3）对于电感来说，由 $u = L\dfrac{\mathrm{d}i}{\mathrm{d}t}$ 可得

$$\dot{U} = \mathrm{j}\omega L\dot{I} \tag{1-14}$$

$$\varphi_u = \varphi_i + 90°$$

四、实验步骤

R、L、C 伏安关系的实验电路如图 1-14 所示。信号发生器输出 10 kHz 的正弦波。x 为被测元件，分别为 $R = 220\ \Omega$、$L = 10\ \mathrm{mH}$、$C = 0.01\ \mu\mathrm{F}$。R_0 为通过 x 的电流取样电阻，$R_0 = 24\ \Omega$。Y_1、Y_2 为示波器探头的接入点，注意 Y_1、Y_2 为非关联参考方向，故 Y_2 极性为负才是关联的。Y_1 测量 $u_x(t)$ 和 u_{R_0} 的电压和。由于 R_0 很小，u_{R_0} 可以忽略不计，Y_1 测量的电压主要反映 $u_x(t)$ 的情况。

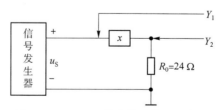

图 1-14　R、L、C 伏安关系的实验电路

（1）观察和记录当 x 分别为 R、L、C 时的 $i(t)$ 和 $u(t)$ 波形，并画在同一坐标轴上，观察各元件电压和电流的相位关系。

（2）信号发生器输出正弦波，$u_S(t) = 4\sin(2\times10^4\pi t)$，将电容接入电路，用示波器观察 $u_S(t)$、$u_C(t)$ 波形，画在同一坐标轴上，观察回路的瞬时 KVL 方程。

（3）将电容换成电感，用示波器观测和记录 $u_S(t)$、$u_{R_0}(t)$、$u_L(t)$ 的幅值和相位差。画出相量图，用来验证回路的相量形式的 KVL 方程。

（4）信号发生器输出正弦波 $u_S(t) = 1.5\sin(2\times10^4\pi t)$，分别将电阻、电容和电感接入电路，写出 $u_{R_0}(t)$、$u_R(t)$、$u_C(t)$ 和 $u_L(t)$ 的表达式，并在同一坐标内画出瞬时波形图，讨论实验结果。

（5）根据前面的方法，先测 $u_R(t)$ 和 $u_C(t)$ 的幅值，再测 $u_C(t)$ 和 $u_S(t)$ 的相位，画出 $u_S(t)$、$u_R(t)$ 和 $u_C(t)$ 的瞬时波形图，如图 1-15 所示，验证 KVL 方程。

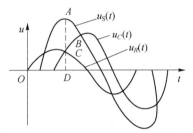

图 1-15 $u_S(t)$、$u_R(t)$ 和 $u_C(t)$ 的波形图

（6）将 $C = 0.01\ \mu F$ 换成 $L = 10\ mH$，用示波器观察并记录 $u_S(t)$、$u_R(t)$、$u_L(t)$ 的幅值和相位差，验证回路 KVL 方程的相量形式。

五、实验报告

（1）列出测试数据和波形图，说明 R、L、C 元件在正弦稳态电路中的性能。

（2）由回路波形图说明任意时刻的瞬时值都满足 KVL 方程。

（3）画出回路的相量图，分析理论计算和实测值之间产生误差的原因。

第二章

模拟电路实验

实验 2.1 单级放大器

一、实验目的

(1) 了解放大器的动态性能。

(2) 了解共射极电路的特性。

(3) 熟悉电子元器件和数字/模拟实验装置。

(4) 掌握放大器静态工作点的调试方法。

(5) 掌握放大器 Q 点和 A_u、R_i、R_o 的求解方法。

二、实验设备

YB4360F 型示波器 1 台, YB1638 型信号发生器 1 台, Si-47 万用表 1 个, 数字/模拟实验装置 1 台, 单级放大电路实验板 1 块。

三、实验原理

放大器的任务就是对输入的信号进行放大, 要放大的信号通常是随时间变化的某个物理量经由传感器提取出的微弱电信号, 利用放大器可以将这些微弱的电信号在失真尽可能小的前提下放大到足够的强度, 以完成特定的工作。

放大电路可由信号源、晶体三极管、输出负载及电源偏置电路所组成。本实验主要分析基本共射放大电路。为使电路正常放大, 直流量与交流量必须共存于放大电路中, 前者是直流电源作用的结果, 后者是输入电压作用的结果。而且, 由于电容、电感等电抗元件的存在, 使直流量和交流量所流经的通路不同。因此, 为了研究问题方便, 将放大电路分为直流通路与交流通路。

在进行分析的时候, 首先需要在未接入信号的情况下, 设置其静态工作点。其重要指标包括 I_b、I_c、U_{ce}, 由此可确定放大器的静态工作点 Q 在三极管输出特性曲线上的位置, 这直接关系到放大器的动态范围。若工作点选得过高, 放大器在接入交流信号后容易引起饱和失真; 若选得过低, 则容易引起截止失真。

输入端加上正弦交流信号电压 U_i 时, 放大电路的工作状态为动态。这时电路中既有直流分量,又有交流分量,各极的电流和电压都是在静态值的基础上再叠加交流分量。在分析电路时,一般用交流通路来研究交流量及放大电路的动态性能。动态性能的主要指标包括电压放大倍数 A_u,输入电阻 R_i,输出电阻 R_o。其中,放大倍数是直接衡量放大电路放大能力的重要指标,输入电阻的大小反映了放大电路从信号源索取电流的能力,输出电阻的大小反映了放大电路带负载的能力。

四、实验步骤

1. 连接实验电路

(1) 用万用表判断实验箱上三极管、电解电容 C 的极性和好坏。

(2) 按图 2-1 所示连接电路(注意:接线前先测量+12 V 电源,切断电源后再连线),将 R_p 的阻值调到最大位置,并将 U_i 端接地。

(3) 接线完毕后仔细检查,确定无误后接通电源。改变 R_p,记录 I_c 分别为 0.5 mA、1 mA、1.5 mA 时三极管的 β 值。

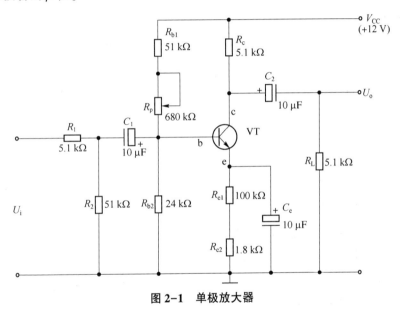

图 2-1　单极放大器

2. 放大器静态测量

调整 R_p 的大小,使 $U_e = 2.2$ V,测试、计算相关数据,并将其填入表 2-1 中。

表 2-1　放大器静态测量任务表

测量结果			计算结果	
U_{be}/V	U_{ce}/V	$R_b/k\Omega$	$I_b/\mu A$	I_c/mA

3. 动态研究

(1) 将信号发生器调到 $f = 1$ kHz,幅值为 3 mV,接到放大器输入端 U_i,且不接负载 R_L,观

察 U_i 和 U_o 端的波形，比较两者的相位并画示意图。

（2）测量及估算表 2-2 中的物理量，填入表 2-2 中。在信号频率不变的情况下，逐渐加大幅度，在 U_o 至 6mV 并再次记录。观察 U_o 不失真时的最大 U_i 值，并将相应的物理量记录于表 2-2 中的最后一行。

表 2-2　放大器动态测量任务表（当 $R_L = \infty$ 时）

测量结果		用测量值计算	估算结果
U_i/mV	U_o/V	A_u	A_u
3			
6			

（3）保持 $U_i = 5$ mV 不变，在放大器中接入负载 R_L，改变 R_c 数值情况下测量 U_i 和 U_o，并将测量及计算结果填入表 2-3 中。

表 2-3　放大器动态测量任务表（改变 R_c）

给定参数		测量结果		用测量结果计算	估算结果
R_c/kΩ	R_L/kΩ	U_i/mV	U_o/V	A_u	A_u
2	5.1				
2	2.2				
5.1	5.1				
5.1	2.2				

（4）保持 $U_i = 5$ mV 不变，改变电阻 R_p，观察 U_o 的波形变化，将测量结果填入表 2-4 中，分析直流偏置对放大器交流性能的影响，并绘出输出波形。

表 2-4　放大器动态测量任务表（改变电阻 R_p）

R_p	U_b	U_c	U_e
最大			
合适			
最小			

注：R_p 的最大值为 680 kΩ，最小值为 0，适中值即为可观测到的输出波形无失真的阻值区间。

若失真观察不明显，可增大或减小 U_i 幅值重测。

4. 测量放大器的输入、输出电阻

（1）输入电阻测量：在输入端串接一个 5 kΩ 电阻，如图 2-2 所示，测量 U_S 与 U_i，即可计算 R_i。

（2）输出电阻测量：在输出端接入可调电阻 R_p，如图 2-3 所示，调节合适的 R_p 值使放大器输出不失真(接示波器监视),测量有负载和空载时的 U_o,即可计算 R_o。

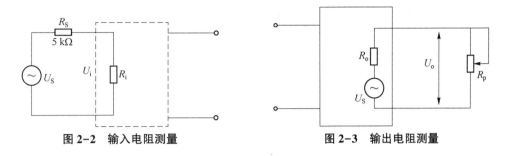

图 2-2　输入电阻测量　　　　　图 2-3　输出电阻测量

将测量及计算结果分别填入表 2-5 和表 2-6 中。

表 2-5　输入电阻测试任务表($R_S = 5\ \text{k}\Omega$)

U_S/mV	
U_i/mV	
$R_i/\text{k}\Omega$(实验)	
$R_i/\text{k}\Omega$(估算)	

表 2-6　输出电阻测试任务表($R_S = 5\ \text{k}\Omega$)

$U_o/\text{mV}(R_p = \infty)$	
$R_o/\text{k}\Omega$(实算)	
$R_o/\text{k}\Omega$(估算)	

五、实验报告

注明所完成的实验内容,简述相应的基本结论。

实验 2.2　负反馈放大器

一、实验目的

(1)熟悉负反馈对放大器性能的影响。
(2)掌握负反馈放大器性能的测试方法。

二、实验设备

YB4360F 型示波器 1 台,YB1638 型信号发生器 1 台,Si-47 万用表 1 个,数字/模拟实验装置 1 台,负反馈放大器实验板 1 块。

三、实验原理

反馈是指把放大电路输出回路中某个量(电压或电流)的一部分或全部,通过一定的电路形式(反馈网络)送回到放大电路的输入回路,并同输入信号一起参与控制作用,以使放大电路某些性能获得改善的过程。

反馈放大电路的结构均可用以下框图来表示,如图 2-4 所示。它表明,反馈放大电路是由基本放大电路和反馈网络构成的一个闭环系统，故常称反馈放大电路为闭环放大电路，相应地称未引入反馈的放大电路为开环放大电路。图 2-4 中比较与取样都是通过反馈网络与基本放大电路的特定连接方式实现的。

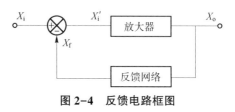

图 2-4　反馈电路框图

　　要注意的是，这里的基本放大电路是指考虑了反馈网络对放大电路输入和输出回路的负载效应，但又将反馈网络分离出去后的电路，它可以是单级或多级电路，而且往往还存在着局部反馈。基本放大电路的放大倍数，又称开环放大倍数，为

$$\dot{A} = \frac{\dot{X}_o}{\dot{X}_i'} \tag{2-1}$$

反馈网络通常为线性网络，其传输系数定义为

$$\dot{F} = \frac{\dot{X}_f}{\dot{X}_o} \tag{2-2}$$

称之为反馈系数。

　　为了突出反馈的实质，通常忽略次要因素，简化分析过程，以及假定：

　　（1）信号从输入端到输出端的传输只通过基本放大电路，而不通过反馈网络；

　　（2）信号从输出端反馈到输入端只通过反馈网络而不通过基本放大电路。

　　也就是说，信号传输具有单向性。实践表明，这种假定是合理而有效的，符合这种假定的框图称为理想框图。

　　对图 2-4 所示单一环路反馈的理想框图有如下关系，即

$$\dot{X}_o = \dot{A}\,\dot{X}_i'$$

$$\dot{X}_i' = \dot{X}_i - \dot{X}_f \tag{2-3}$$

$$\dot{X}_f = \dot{F}\,\dot{X}_o$$

由此可得反馈放大电路的闭环放大倍数 A_f 为

$$\dot{A}_f = \frac{\dot{X}_o}{\dot{X}_i} = \frac{\dot{A}}{1 + \dot{A}\dot{F}} \tag{2-4}$$

　　这是反馈放大电路的基本关系式，也是分析单环反馈放大电路的重要公式。这里 $\dot{X}$ 可以是电压也可以是电流，$\dot{F}$、$\dot{A}$ 的具体含义由反馈类型决定。

　　为了分析方便，在讨论反馈放大电路性能时，除频率特性外，均假定工作信号在中频范围，且反馈网络具有纯电阻性质，因此，$\dot{F}$、$\dot{A}$ 均可用实数表示。于是变为

$$A_f = \frac{A}{1 + AF} \tag{2-5}$$

式中,1 + AF 称为反馈深度。

由负反馈放大电路的一般表达式 $A_f = \dfrac{A}{1 + AF}$ 可知,闭环放大倍数仅是开环放大倍数的 (1 + AF) 分之一,因为负反馈 (1 + AF) > 1,故引入负反馈后,放大电路的放大倍数降低。负反馈虽使闭环放大倍数降低,但却换来了其他性能的改善,包括:提高放大倍数的稳定性,展宽频带,减少非线性失真,改变输入电阻和输出电阻。

四、实验步骤

1. 计算负反馈放大器开环和闭环放大倍数

1)计算负反馈放大器开环放大倍数

负反馈放大器开环放大倍数的计算电路如图 2-5 所示。

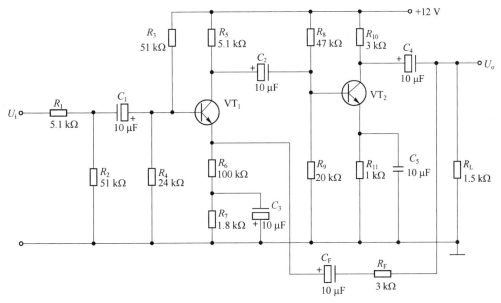

图 2-5 负反馈放大器开环放大倍数的计算电路

（1）按照图 2-5 所示连接电路,R_F 暂时不接入。

（2）输入端接入 U_i = 1 mV、f = 1 kHz 的正弦波,调整接线和参数使输出不失真且无振荡。

（3）按表 2-7 的要求进行测量并将数据填入表 2-7 中。

（4）根据测量结果计算开环放大倍数 A_u。

2）计算负反馈放大器闭环放大倍数

（1）接通 R_F,按要求调整电路。

（2）按表 2-7 的要求测量并将数据填入表 2-7 中,计算 A_{uf}。

（3）根据测量结果,验证 $A_{uf} \approx 1/F$。

表 2-7　负反馈测量任务表

项目		$R_L/\text{k}\Omega$	U_i/mV	U_o/mV	A_u/A_{uf}
开环	∞		1		
	1.5		1		
闭环	∞		1		
	1.5		1		

2. 观察负反馈对失真的改善

（1）将图 2-5 中的电路开环，逐步增加 U_i 使输出信号出现失真（注意不要过分失真），记录失真波形幅度。

（2）将图 2-5 中的电路闭环，观察输出情况，并适当增加 U_i 使输出幅度接近开环时失真波形幅度。

（3）画出上述电路开环和闭环的波形图，并分析负反馈对于波形失真的影响。

3. 负反馈对频率特性的影响

（1）将图 2-5 中的电路开环，选择适当大小的 U_i（频率为 1 kHz），使输出信号在示波器上有满幅且不失真正弦波显示。

（2）保持输入信号幅度不变，逐步增加频率直到输出信号的幅值减小到原来的 70%，此时信号频率即为放大器的 f_H。

（3）条件同第（1）、（2）步，但逐渐减小频率，测得 f_L。

（4）将电路闭环，重复（1）~（3）步骤，并将结果填入表 2-8 中，分析负反馈对放大电路通频带的影响。

表 2-8　放大器频率特性测量任务表

项目	f_H/Hz	f_L/Hz
开环		
闭环		

五、实验报告

（1）将实验值与理论值比较，分析误差原因。

（2）根据实验内容总结负反馈对放大器的影响。

实验 2.3　射极跟随器

一、实验目的

（1）掌握射极跟随器的特性及测量方法。

（2）进一步学习放大器各项参数的测量方法。

二、实验设备

YB4360F 型示波器 1 台,YB1638 型信号发生器 1 台,Si-47 万用表 1 个,数字/模拟实验装置 1 台,单极放大电路实验板 1 块。

三、实验原理

共集电极放大电路,又叫射极跟随器,如图 2-6(a)所示,它是从基极输入信号,从发射极输出信号。从它的交流通路图 2-6(b)可看出,输入、输出共用集电极,所以称为共集电极电路。

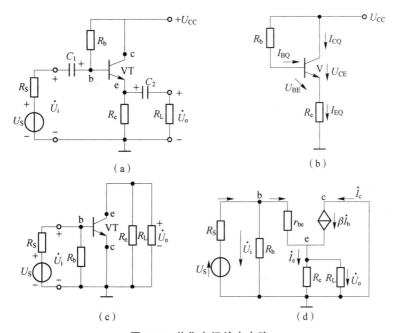

图 2-5　共集电极放大电路
(a)共集电极放大电路;(b)直流通路;(c)交流通路;(d)微变等效电路

共集电极电路分析:

1. 静态分析

由图 2-6(b)的直流通路可得出:

$$U_{CC} = I_{BQ}R_b + U_{BEQ} + I_{EQ}R_e \tag{2-6}$$

$$I_{CQ} \approx I_{EQ} = \frac{U_{CC} - U_{BEQ}}{R_e + \dfrac{R_b}{1 + \beta}} \tag{2-7}$$

$$I_{BQ} = \frac{I_{CQ}}{\beta} \tag{2-8}$$

$$U_{CEQ} \approx U_{CC} - I_{EQ}R_e \tag{2-9}$$

2. 动态分析

（1）电压放大倍数可由图 2-6(d) 所示的微变等效电路得出。因为

$$\dot{U}_o = \dot{I}_e R'_L = (1+\beta)\dot{I}_b R'_L$$
$$R'_L = R_e /\!/ R_L \tag{2-10}$$
$$\dot{U}_i = \dot{I}_b r_{be} + \dot{I}_e R'_L = \dot{I}_b r_{be} + (1+\beta)\dot{I}_b R'_L$$

所以

$$\dot{A}_u = \frac{\dot{U}_o}{\dot{U}_i} = \frac{(1+\beta)\dot{I}_b R'_L}{\dot{I}_b r_{be} + (1+\beta)\dot{I}_b R'_L} = \frac{(1+\beta)R'_L}{r_{be} + (1+\beta)R'_L} \leqslant 1 \tag{2-11}$$

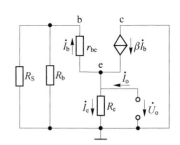

由于式中的 $(1+\beta)R'_L \gg r_{be}$，因而 $\dot{A}_u$ 略小于 1，又由于输入、输出同相位，输出跟随输入，且从发射极输出，故此电路又称射极输出器或射极跟随器，简称射随器。

（2）输入电阻 R_i 可由微变等效电路得出，由 $R_i = R_b /\!/ [r_{be} + (1+\beta)R'_L]$ 可见，共集电极电路的输入电阻很高，可达几十千欧到几百千欧。

图 2-7 计算 R_o 的等效电路

（3）输出电阻 R_o 可由图 2-7 的等效电路来求得。将信号源短路，保留其内阻，在输出端去掉 R_L，加一交流电压 $\dot{U}_o$，产生电流 $\dot{I}_o$，则

$$\dot{I}_o = \dot{I}_b + \beta\dot{I}_b + (1+\beta)\dot{I}_b$$
$$= \frac{\dot{U}_o}{r_{be} + R_S /\!/ R_b} + \frac{\beta\dot{U}_o}{r_{be} + R_S /\!/ R_b} + \frac{\dot{U}_o}{R_e} \tag{2-12}$$

式中，$\dot{I}_b = \dfrac{\dot{U}_o}{r_{be} + R_S /\!/ R_b}$。

所以

$$R_o = \frac{\dot{U}_o}{\dot{I}_o} = \frac{R_e[r_{be} + (R_S /\!/ R_b)]}{(1+\beta)R_e + [r_{be} + (R_S /\!/ R_b)]} \tag{2-13}$$

通常 $(1+\beta)R_e \gg [r_{be} + (R_S /\!/ R_b)]$，故

$$R_o \approx \frac{r_{be} + R_S /\!/ R_b}{\beta} \tag{2-14}$$

由式（2-14）可见，射极输出器的输出电阻很小，若把它等效成一个电压源，则具有恒压输出特性。

3. 射极跟随器的特点及应用

虽然射极跟随器的电压放大倍数略小于 1，但输出电流是基极电流的 $(1+\beta)$ 倍。因此，它不但具有电流放大和功率放大的作用，而且具有输入电阻高、输出电阻低的特点。

由于射极跟随器输入电阻高，向信号源汲取的电流小，对信号源影响也小，因而一般用它作输入级。又由于它的输出电阻小，负载能力强，当放大器接入的负载变化时，可保持输出电

压稳定,适用于多级放大器的输入和输出电路。同时它还可作为中间隔离级使用。在多级共射极放大电路耦合中,往往存在着前级输出电阻大,后级输入电阻小而造成的耦合中的信号损失,使得放大倍数下降。利用射极跟随器输入电阻大、输出电阻小的特点,可与输入电阻小的共射极电路配合,将其接入两级共射极放大电路之间,在隔离前后级的同时,起到阻抗匹配的作用。

四、实验步骤

1. 连接射极跟随器实验电路

射极跟随器的实验电路如图 2-8 所示,按照电路图接线。

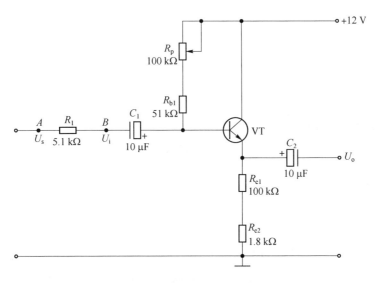

图 2-8　射极跟随器的实验电路

2. 调整直流工作点

将电源+12 V 接入电路中,在 B 点加 $f=1$ kHz 的正弦波信号,输出端用示波器监视,反复调整 R_p 及信号源输出幅度,使输出幅度在示波器屏幕上得到一个最大的不失真波形,然后断开输入信号,用万用表测量晶体管各极对地的电位,即为该放大器的静态工作点,将所测数据填入表 2-9 中。

表 2-9　直流工作点测试任务表

U_e/V	U_b/V	U_c/V	$I_e = U_e/R_e$

3. 计算电压放大倍数 A_u

接入负载 $R_L=1$ kΩ,在 B 点加 $f=1$ kHz 的正弦波信号,调整输入信号幅度(此时偏置电位器 R_p 不能再旋动),用示波器观察,在输出波形为最大且不失真的情况下测 U_i、U_L 值,将所测数据及计算结果填入表 2-10 中。

表 2-10   电压放大倍数计算任务表

U_i/V	U_L/V	$A_u = U_L/U_i$

4. 测量输出电阻 R_o

在 B 点加 $f = 1$ kHz 的正弦波信号，$U_i = 100$ mV 左右，当负载 $R_L = 2$ kΩ 时，用示波器观察输出波形，测量空载时的输出电压 $U_o(R_L = \infty)$ 和有负载时的输出电压 $U_L(R_L = 2$ kΩ$)$，则

$$R_o = \left(\frac{U_o}{U_L} - 1 \right) R_L \tag{2-1}$$

将所测数据填入表 2-11 中。

表 2-11   输出电阻测试任务表

U_o/V	U_L/V	R_o/Ω

5. 测量放大器输入电阻 R_i（采用换算法）

在 A 点加入 $f = 1$ kHz 的正弦波信号，用示波器观察输出波形，用毫伏表分别测 A、B 点的对地电位 U_S、U_i，则

$$R_i = \frac{U_i}{U_S - U_i} R_1 = \frac{R_1}{\dfrac{U_S}{U_i} - 1} \tag{2-2}$$

将测量数据及计算结果填入表 2-12 中。

表 2-12   输入电阻测量任务表

U_S/V	U_i/V	R_i/Ω

五、实验报告

（1）绘出实验电路原理图，标明实验电路中元件的参数值。

（2）整理实验数据并说明实验中出现的各种现象，得出有关的结论，画出必要的波形及曲线。

（3）将实验结果与理论计算值比较，分析产生误差的原因。

实验 2.4   比例求和运算电路

一、实验目的

（1）掌握用集成运算放大器组成比例求和运算电路的特点及性能。

（2）掌握比例求和运算电路的测试和分析方法。

二、实验设备

Si-47 万用表 1 个、YB4360F 型示波器 1 台、YB1638 型信号发生器 1 台、数字/模拟实验装置 1 台、运算放大器电路实验板 1 块。

三、实验原理

1. 电压跟随器

电压跟随器是实现输出电压跟随输入电压变化的一类电子元件,也就是说,电压跟随器的电压放大倍数恒小于且接近 1。电压跟随器的显著特点就是,输入阻抗高,而输出阻抗低。一般来说,输入阻抗可以达到几兆欧姆;而输出阻抗低,通常只有几欧姆,甚至更低。电压跟随器电路如图 2-9 所示。

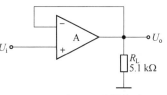

图 2-9 电压跟随器电路

2. 反相比例放大器

反相比例放大器是电子电路中的运算放大器,有同相输入端和反相输入端。输入端和输出端是同一极性的就是同相放大器,而输入端和输出端是相反极性的则称为反相放大器。反相比例放大器电路具有放大输入信号并反相输出的功能,其电路如图 2-10 所示。

3. 同相比例放大器

同相比例放大器的输入阻抗等于放大器内部阻抗,而内部阻抗远大于输入电阻和反馈电阻,所以同相放大器的输入阻抗高。同相比例放大器的放大倍数是反向放大倍数加 1,只能大于等于 1,输出与输入同相。

同相比例放大器电路如图 2-11 所示。

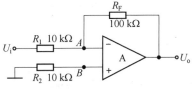

图 2-10 反相比例放大器电路

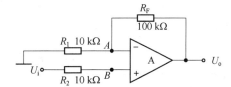

图 2-11 同相比例放大器电路

4. 反相求和放大电路

反相求和放大电路中反相输入运算电路的输入信号加在反相输入端,引入深度电压并联负反馈,集成运放工作在线性区,输出电压与输入电压相位相反。反相求和放大电路如图 2-12 所示。

5. 双端输入求和放大电路

双端输入求和放大电路也称差动输入求和放大电路,双端输入求和放大电路如图 2-13 所示。

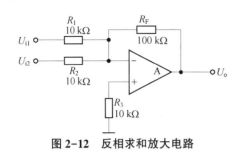

图 2-12 反相求和放大电路　　　图 2-13 双端输入求和放大电路

四、实验步骤

1. 连接电压跟随器实验电路并测量 U_o

电压跟随器的实验电路如图 2-9 所示。

调整输入电压 U_i，测量有负载 R_L 及空载时的输出电压 U_o，并将结果记录于表 2-13 中。

表 2-13　电压跟随器测试任务表

U_i/V		-2	-0.5	0	0.5	1
U_o/V	$R_L = \infty$					
	$R_L = 5.1 \ k\Omega$					

2. 测量反相比例放大电路中不同条件下的测量值之差

按照图 2-10 连接实验电路，进行以下操作：

（1）调整输入电压 U_i，测量对应的输出电压 U_o，并根据反相比例电路的原理计算出其理论估算值，与实测值对比求误差，将数据记录于表 2-14 中。

表 2-14　反相比例放大器输出电压测试任务表

直流输入电压 U_i/mV		30	100	300	1 000	3 000
输出电压 U_o	理论估算值/mV					
	实测值/mV					
	误差					

（2）计算 U_o、U_{AB}、U_{R_2}、U_{R_1} 在输入电压 $U_i = 0$ 和 $U_i = 800$ mV 时的测量值之差，并算出理论估算值。

设置 $U_i = 800$ mV，将负载电阻 R_L 由开路变为 5 kΩ，测量输出电路的差值，并算出理论值。将以上数据记录于表 2-15 中。

表 2-15 不同条件下的反相比例放大器测试任务表

测试条件	项目	理论估算值	实测值
R_L 开路,直流输入信号 U_i 由 0 变为 800 mV	ΔU_o/mV		
	ΔU_{AB}/mV		
	ΔU_{R_2}/mV		
	ΔU_{R_1}/mV		
$U_i = 800$ mV, R_L 由开路变为 5 kΩ	ΔU_{oL}/mV		

3. 测量同相比例放大电路中不同条件下的测量值之差

按照图 2-11 连接实验电路,进行以下操作:

(1)调整输入电压 U_i,测量对应的输出电压 U_o,并根据反相比例电路的原理计算出其理论估算值,与实测值对比求误差,将数据记录于表 2-16 中。

表 2-16 同相比例放大器输出电压测量任务表

直流输入电压 U_i/mV		30	100	300	1 000	3 000
输出电压 U_o	理论估算值/mV					
	实测值/mV					
	误差					

(2)计算 U_o、U_{AB}、U_{R_2}、U_{R_1} 在输入电压 $U_i = 0$ 以及 $U_i = 800$ mV 时的测量值之差,并算出理论估算值。

设置 $U_i = 800$ mV,将负载电阻 R_L 由开路变为 5 kΩ,测量输出电路的差值,并算出理论估算值,将数据记录于表 2-17 中。

表 2-17 不同条件下的同相比例放大器测试任务表

测试条件	项目	理论估算值	实测值
R_L 开路,直流输入信号 U_i 由 0 变为 800 mV	ΔU_o/mV		
	ΔU_{AB}/mV		
	ΔU_{R_2}/mV		
	ΔU_{R_1}/mV		
$U_i = 800$ mV, R_L 由开路变为 5 kΩ	ΔU_{oL}/mV		

4. 测量反相求和放大电路的输出电压 U_o

反相求和放大电路的实验电路如图 2-12 所示。

根据表 2-18 中的数据调整输入电压 U_{i1} 和 U_{i2}，测量输出电压 U_o，并将数据记录于表 2-18 中。

表 2-18 反相求和放大电路输出电压测试任务表

U_{i1}/V	0.3	−0.3
U_{i2}/V	0.2	−0.2
U_o/V		

5. 测量双端输入求和放大电路的输出电压 U_o

双端输入求和放大电路的实验电路如图 2-13 所示。

根据表 2-19 中的数据调整输出电压 U_{i1} 和 U_{i2}，测量输出电压 U_o，并将结果记录于 2-19 中。

表 2-19 双端输入求和电路输出电压测量任务表

U_{i1}/V	1	2	0.2
U_{i2}/V	0.5	1.8	−0.2
U_o/V			

五、实验报告

（1）总结本实验中 5 种运算电路的特点及性能。

（2）分析理论计算与实验结果有误差的原因。

第三章

数字电路实验

实验 3.1　门电路的逻辑功能实验

一、实验目的

(1) 了解控制门的控制作用。

(2) 了解三态门的用途。

(3) 熟悉数字电路实验装置的使用方法。

(4) 掌握组合逻辑电路的测试方法。

(5) 掌握常用集成逻辑门的逻辑功能,熟悉其外形和外引线排列。

二、实验设备

数字/模拟实验装置 1 台,数字电路实验板 1 块,YB4360F 型示波器 1 台,Si-47 万用表 1 个,74LS00、74LS86 各 1 片。

三、实验原理

1. 门电路的逻辑功能

目前使用的集成门电路有两类:一类是双极型晶体管构成的集成电路,称为 TTL 集成门电路;另一类是 CMOS 管构成的集成电路,称为 CMOS 集成门电路。

TTL 电平标准:$V_{OH} \geqslant 2.4\ \mathrm{V}(3.6\ \mathrm{V})$,$V_{OL} \leqslant 0.3\ \mathrm{V}(0.2\ \mathrm{V})$。

CMOS 电平标准:$V_{OH} \geqslant 4.9\ \mathrm{V}(5\ \mathrm{V})$,$V_{OL} \leqslant 0.1\ \mathrm{V}(0\ \mathrm{V})$。

门电路是数字电路的基本单元电路,其中包含与、或、非 3 个基本运算,其他任何一种逻辑功能都可以用 3 个基本运算构成,也可以用一种逻辑门构成另一种逻辑门,例如,可以用与非门构成或门。

2. 或门

或门的逻辑符号如图 3-1 所示。A、B 为输入端,只要 A、B 其中一个为真,输出即为真,否则输出为假。用逻辑表达式表示输入 A、B

图 3-1　或门的逻辑符号

和输出 Y 之间的逻辑关系,也就是或运算的逻辑表达式,即 $Y=A+B$。

或门真值表见表3-1。

表3-1 或门真值表

A	B	Y
0	0	0
0	1	1
1	0	1
1	1	1

3. 与非门

与非门的逻辑符号如图3-2所示,其真值表见表3-2。将 A 端作为输入端,B 端为控制端。当 $B=1$ 时,门打开,可以进行信息的传递,即 $Y=\bar{A}$;当 $B=0$ 时,门关闭,信息不能通过,$Y=1$,如图3-3所示。

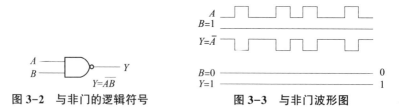

图3-2 与非门的逻辑符号 $Y=\overline{AB}$

图3-3 与非门波形图

表3-2 与非门真值表

A	0	0	1	1
B	0	1	0	1
Y	1	1	1	0

与非门是构成74LS00的重要元件,74LS00的引脚排列及内部结构如图3-4所示。

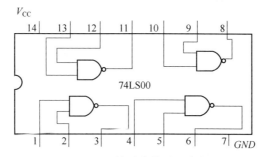

图3-4 74LS00的引脚排列及内部结构

4. 异或门

异或门实现异或逻辑关系,其表达式 $Y = \bar{A}B + A\bar{B}$,异或门的逻辑符号如图 3-5 所示,其波形图如图 3-6 所示,其真值表见表 3-3。

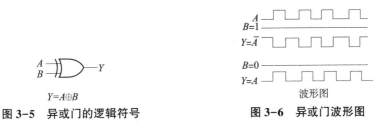

图 3-5 异或门的逻辑符号

图 3-6 异或门波形图

表 3-3 异或门的真值表

A	0	0	1	1
B	0	1	0	1
Y	0	1	1	0

异或门是 74LS86 的重要组成部分,其引脚排列如图 3-7 所示。

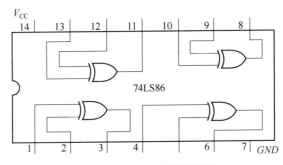

图 3-7 74LS86 的引脚排列

5. 三态(TS)输出门

三态输出门的输出端有 3 种状态,即高电平,低电平,高阻状态(禁止状态、断路状态),三态输出缓冲区的逻辑符号如图 3-8 所示。

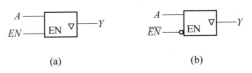

(a)   (b)

图 3-8 三态输出缓冲区的逻辑符号

(a)接高电平;(b)接低电平

其中图 3-8(a)表示 EN 端接高电平时为工作状态,即 Y=A,接低电平时输出呈高阻状态,即此三态门不起信号传输作用;图 3-8(b)表示 EN 端接低电平时为工作状态,接高电平时为高阻状态。

三态门最重要的用途是数据传输，3 个数据 A、B、C 分别通过三态门与总线相连。可根据需要使任一个三态门处于工作状态，从而将相应的数据送到总线上；还可按需要使 M 和 N 中的 1 个或 2 个三态门工作，借以将数据送到指定地点，如图 3-9 所示。这种利用总线输送数据或控制信号的方法在数字电子计算机中应用得很广泛。

在任何情况下，最多只允许 1 个三态门向总线输送数据，否则，不仅会造成逻辑错误，甚至可能会损坏门电路。

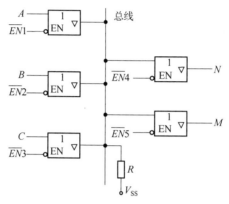

图 3-9　三态门用于数据传输

使用 CMOS 三态实现总线传输时，在状态转换期间，整个总线呈高阻状态，相当于后接的 CMOS 电路输入瞬间开路，这是不允许的。在实际使用中解决此问题的办法是，从总线到 V_{SS} 或 V_{DD} 端连接一个电阻（如图 3-9 中 R）。当然，所接电阻将对负载起一定的分流作用，因此，阻值不能太小，但也不能太大。

四、实验步骤

（1）按表 3-4 中的数据输入信号，测试与非门 74LS00 和异或门 74LS86 的逻辑功能，并将测试结果填入表 3-4 中，比较电平值。

表 3-4　门电路逻辑功能测试

逻辑门	与非门 74LS00（TTL）				异或门 74LS86			
A	0	0	1	1	0	0	1	1
B	0	1	0	1	0	1	0	1
Y								

（2）将任一端 A 作为输入端，另一端 B 为控制端，连接示波器，测试逻辑门电路的控制作用，将时序图画在表 3-5 中。

表 3-5 测试任务表

逻辑门		74LS00	74LS86
A		⎍⎍⎍⎍	⎍⎍⎍⎍
Y	B = 1		
	B = 0		

（3）用与非门构成或门，其电路如图 3-10 所示，填写表 3-6，并写出逻辑函数表达式。

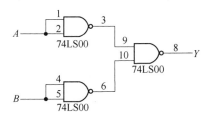

图 3-10 与非门构成的或门

表 3-6 或门逻辑测量任务表

A	0	0	1	1
B	0	1	0	1
Y				

五、实验报告

（1）请写出与非门和异或门的测试结果。

（2）由实验结果说明控制门的作用。

（3）写出与非门、异或门和三态门的逻辑表达式。

（4）由实验结果说明三态门的作用。

实验 3.2 组合逻辑电路（半加器、全加器及逻辑运算）

一、实验目的

（1）掌握常用集成逻辑门的逻辑功能、外形和外引线排列。

（2）掌握半加器、全加器及逻辑运算的原理。

（3）掌握组合逻辑电路的测试方法。

（4）掌握数字电路实验装置的使用方法。

二、实验设备

数字/模拟实验装置 1 台，数字电路实验板 1 块，YB4360F 型示波器 1 台，Si-47 万用表 1 个，74LS00、74LS02、74LS86、74LS125、74LS08 各 1 片。

三、实验原理

1. 加法器

半加器和全加器是最基本、最典型的组合逻辑电路，它们是 n 位二进制码相加的加法电路基础组成部分。

1）半加器

两个 1 位二进制数相加，称为半加，实现半加操作的电路叫半加器，其逻辑符号和内部结构如图 3-11 所示。图 3-11 中，2 个 1 位二进制数 A、B 相加，S 表示输出，CO 表示进位输出。逻辑表达式为

$$\begin{cases} CO = AB \\ S = A \oplus B \end{cases}$$

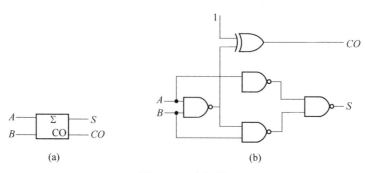

图 3-11　半加器

（a）半加器的逻辑符号；（b）半加器的内部结构

2）全加器

全加器是指 2 个多位二进制数相加时，第 i 位的被加数 A_i 和加数 B_i 及来自低位的进位数 CI 三者相加，得到本位的和数 S_i 和向高位的进位数 CO。实现全加运算的电路叫全加器，其逻辑符号和内部结构如图 3-12 所示。本实验采用与非门和异或门构成该全加器。

全加器的逻辑表达式为

$$S_i = A_i \oplus B_i \oplus (CI)_i$$

$$(CO)_i = A_i B_i + (A_i + B_i)(CI)_i$$

2. 比较器

比较器是用来比较两个数的数值（大小或相等）的电路，也称为数值比较器。假定 3 个

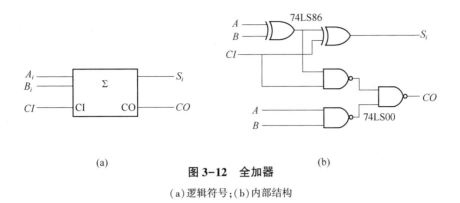

(a)

图 3-12　全加器

(a)逻辑符号;(b)内部结构

输出端用 $L=1$ 表示 $A>B$;$G=1$ 表示 $A=B$;$M=1$ 表示 $A<B$。比较器的逻辑符号和内部结构如图 3-13 所示。

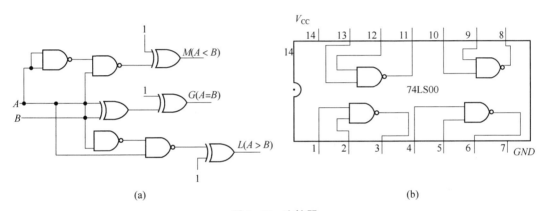

(a)

图 3-13　比较器

(a)逻辑符号;(b)内部结构

四、实验步骤

(1)按图 3-11(b)所示的方法连接好电路,CO、S 接发光二极管,A、B 按表 3-7 置"0"或置"1",将测量数据填入表 3-7 中,并验证逻辑表达式。

表 3-7　半加器测量任务表

A	B	S	CO
0	0		
0	1		
1	0		
1	1		

(2)按图 3-12(b)所示的方法连接好电路,将 A、B、CI 按表 3-8 中的要求置"0"或置"1",S_i、CO 连接发光二极管,将测量数据填入表 3-8 中,并验证逻辑函数表达式。

表 3-8　全加器测量任务表

A_i	B_i	CI	S_i	CO
0	0	0		
0	0	1		
0	1	0		
0	1	1		
1	0	0		
1	0	1		
1	1	0		
1	1	1		

（3）按图 3-13（b）所示方法连接好电路，A、B 输入数值如表 3-9 所示，将输出端 L、G、M 的数据填入表 3-9 中。

表 3-9　比较器测量任务表

输入		输出		
A	B	L	G	M
0	0			
0	1			
1	0			
1	1			

五、实验报告

（1）用真值表的形式记录实验结果，并画出电路图。

（2）根据半加器的逻辑表达式，用与门和与非门设计出半加器。

（3）试用简单的与、或、非门电路设计出全加器。

实验 3.3　555 集成定时器

一、实验目的

（1）熟悉 555 集成定时器的组成及工作原理。

（2）掌握用定时器构成单稳态电路、多谐振荡电路和施密特触发电路等的方法。

（3）掌握用示波器对波形进行定量分析，测量波形的周期、脉宽和幅值等的方法。

二、实验设备

数字/模拟实验装置 1 台、数字电路实验板 1 块、YB4360F 型示波器 1 台、NE555 1~2 片。

三、实验原理

555 集成定时器主要由两个高精度电压比较器、一个基本 RS 触发器及一个作为放电回路的晶体三极管组成,其基本组成和逻辑符号如图 3-14 所示。

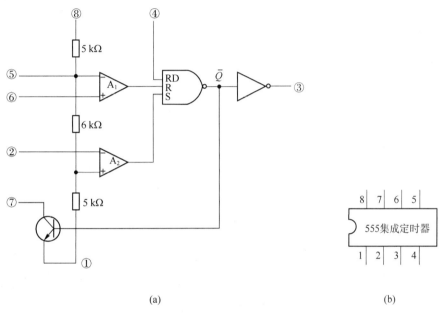

(a) (b)

图 3-14　555 集成定时器的基本组成和逻辑符号

(a)基本组成;(b)逻辑符号

555 集成定时器的引脚如表 3-10 所示。

表 3-10　555 集成定时器的引脚

引脚号	名称	说明
1	接地端	—
2	低触发端	此端电平低于 1/3 V_{CC}(下触发电平)时,引起触发
3	输出端	—
4	复位端	此端送入一低电平,可使输出变为低电平
5	电压控制端	此端外接一 参考电源时可以改变上下触发电平
6	高触发端	此端电平高于 2/3 V_{CC}(上触发电平)时,引起触发
7	放电端	此端可以作为集电极开路输出
8	电源 V_{CC} 端	—

当加到引脚 6 的电位由低向高变化并略超过比较器 A_1 的同相输入端 5 的电位时，触发器置"0"。同样道理，只有加到引脚 2 的电位由高向低变化并略低于比较器 A_2 的同相端电位（即 $1/3\ V_{CC}$）时，RS 触发器才置"1"。

四、实验步骤

555 集成定时器的用途十分广泛，它可以用作时间定时、时间延迟电路，亦可作为多谐振荡器、脉冲调制电路、脉冲丢失指示器、单稳电路等，其基本的应用有单稳电路、多谐振荡器和施密特触发器。

1. 单稳电路

单稳电路如图 3-15 所示。

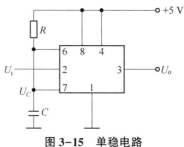

图 3-15　单稳电路

$R = 1\ \text{k}\Omega \sim 10\ \text{M}\Omega$，$C > 1\ 000\ \text{pF}$，脉宽 $T_W \approx 1.1RC$。

按图 3-15 所示的方法接线，当 $R = 5.1\ \text{k}\Omega$、$C = 0.1\ \mu\text{F}$ 时，合理选择输入信号 U_i 的频率和脉宽，保证 U_i 负极性脉冲宽度 $< 1.1RC$，加输入信号后，用示波器观察 U_i、U_C 和 U_o 的电压波形，比较时序关系绘出波形，并在图中标出周期、幅值、脉宽等。

2. 多谐振荡器

多谐振荡器电路如图 3-16 所示，其中 R_A、R_B 是外接电阻，C 是外接电容。

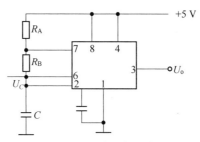

图 3-16　多谐振荡器电路

$$T = C(R_A + 2R_B)\ln 2 \approx 0.7(R_A + 2R_B)C$$

选定 R_A、R_B、C，用示波器测出 U_C、U_o 的波形，求出 T。

3. 施密特触发器

施密特触发器电路如图 3-17 所示。

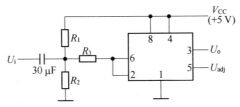

图 3-17　施密特触发器电路

图 3-17 所示电路中,在电压控制端 5 分别外接 2 V、4 V 电压,在示波器上观察该电压对输出波形的脉宽,上、下限触发电平及回差电压有何影响。

五、实验报告

（1）简述单稳电路的工作原理。

（2）整理实验数据,分析误差原因。

第四章

数模电路应用实验

实验 4.1   数据选择器及其应用

一、实验目的

（1）了解数据选择器的应用。
（2）熟悉中规模集成电路数据选择器的逻辑功能。
（3）熟悉用中规模集成电路设计逻辑电路的技巧。

二、实验设备

数字/模拟实验装置 1 台、数字电路实验板 1 块、Si-47 万用表 1 台、74LS153 1 片。

三、实验原理

74LS153 的引脚如图 4-1 所示，其功能见表 4-1，它是一个双 4 选 1 的数据选择器，由 2 个 4 选 1 数据选择器构成，2 个 4 选 1 数据选择器共用通道控制信号 A_1 和 A_0。

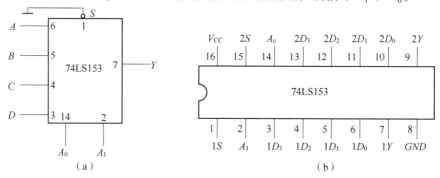

图 4-1   74LS153 的引脚

（a）电路连接；（b）引脚排列

表 4-1   74LS153 的功能表

输入			输出
A_1	A_0	S	Y
×	×	1	0

输入			输出
A_1	A_0	S	Y
0	0	0	D_0
0	1	0	D_1
1	0	0	D_3
1	1	0	D_3

四、实验步骤

（1）4 选 1 电路功能测试。将双 4 选 1 电路 74LS153 按图 4-1（a）所示的方式连接，选通端与输入信号端均接逻辑开关，输出端接发光二极管，在 A、B、C、D 状态确定的条件下，改变选通端 A_1、A_0 的状态，观察输出并填表 4-2。

表 4-2　4 选 1 数据选择器的测量任务表

A_1	A_0	D	C	B	A	Y
0	0	×	×	×	$\binom{0}{1}$	
0	0	×	×	$\binom{0}{1}$	×	
1	0	×	$\binom{0}{1}$	×	×	
1	1	$\binom{0}{1}$	×	×	×	

（2）利用 74LS153 设计一个 8 选 1 数据选择器并画出电路图，标注通道控制信号和 8 路数据输入端。

（3）利用 74LS153 设计一个 1 位全加器并根据实验记录实验结果，验证全加器功能表。

五、实验报告

详细叙述设计过程，画出实验电路图，并记录实验结果。

实验 4.2　触发器

一、实验目的

（1）掌握触发器逻辑功能的测试方法。
（2）掌握集成触发器的逻辑功能。
（3）掌握 JK 触发器和 D 触发器的功能测试方法。

二、实验设备

数字/模拟实验装置 1 台，数字电路实验板 1 块，YB4360F 型示波器 1 台，Si-47 万用表一个，74LS74、74LS112 各 1 片。

三、实验原理

1. 基本 *RS* 触发器的功能

用与非门组成的基本 *RS* 触发器的逻辑图如图 4-2 所示,其特性见表 4-3。*R*、*S* 分别接两个逻辑开关,Q、$\overline{Q}$ 分别接两个发光二极管(LED)。

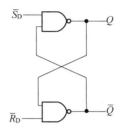

图 4-2　与非门组成的基本 *RS* 触发器的逻辑图

表 4-3　*RS* 触发器的特性

$\overline{S}_D$	$\overline{R}_D$	Q	Q^*
0	0	0	1①
0	0	1	1①
0	1	0	1
0	1	1	1
1	0	0	0
1	0	1	0
1	1	0	0
1	1	1	1

注:① S_D、R_D 的 0 状态同时消失后状态不定。

2. 集成 *D* 触发器的功能

74LS74 是一个双 *D* 触发器,其引脚排列及逻辑符号如图 4-3 所示。其中一个触发器的电路中置位端(*PR*)和复位端(*CLR*)是低电平有效,+5 V 电源接到 7(*GND*)脚和 14(V_{CC})脚之间。

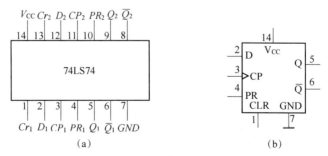

图 4-3　74LS74 的引脚排列及逻辑符号

(a)引脚排列;(b)逻辑符号

把 *PR* 端瞬间接地,使触发器置"1",观察 *Q* 端输出电平。触发器置"1",*Q* 端应为"1"。然后把 *CLR* 端瞬间接地,使触发器复位(置"0"),观察 *Q* 端输出电平。触发器复位后,*Q* 端应为"0"。与基本 *RS* 触发器的功能类似,*PR* 和 *CLR* 同时为"1"时,触发器保持原有状态。不允许将 *PR* 和 *CLR* 同时接地(否则将 $Q=\overline{Q}=1$,为禁止使用状态)。

3. *JK* 触发器

表 4-4 所示为 *JK* 触发器的特性,*JK* 触发器的逻辑符号如图 4-4 所示,其中 *J*、*K* 是控制输入端。

表 4-4　*JK* 触发器的特性

J	*K*	*Q*	Q^*
0	0	0	0
0	0	1	1
1	0	0	1
1	0	1	1
0	1	0	0
0	1	1	0
1	1	0	1
1	1	1	0

图 4-5 所示为双下降沿 *JK* 触发器(有预置、清除端)74LS112 的引脚排列。

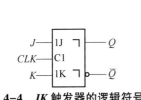

图 4-4　*JK* 触发器的逻辑符号

图 4-5　74LS112 的引脚排列

4. *D* 触发器

D 触发器的特性见表 4-5,其逻辑符号如图 4-6 所示。

表 4-5　*D* 触发器的特性

D	*Q*	Q^*
0	0	0
0	1	0
1	0	1
1	1	1

Q Q̄

C1 1D

图 4-6　D 触发器的逻辑符号

四、实验步骤

1. 与非门基本 RS 触发器的功能测试

测量 RS 触发器，完成表 4-6。

表 4-6　RS 触发器的测量任务表

$\overline{R}$	$\overline{S}$	Q_n	Q_{n+1}	注
1	1			不变
1	$1\to0\to1$			置"1"
$1\to0\to1$	1			置"0"
$1\to0\to1$	$1\to0\to1$			不定

2. 集成 D 触发器的功能测试

完成表 4-7，验证 PR 和 CLR 的操作与 D 输入端关系。

表 4-7　D 触发器的测量任务表

PR	CLR	Q
0	0	
0	1	
1	0	
1	1	

1）静态功能测试

按图 4-7 的方式连接（D 和 $\overline{Q}$ 相接，触发器处于计数状态），将触发器复位。CP 端接单脉冲信号，D 端用逻辑开关控制，Q 端接发光二极管。改变 D 和 CP 的输入，用发光二极管观察 Q 端输出，说明是上升沿还是下降沿触发。

2）动态功能测试

将 74LS74 按图 4-7 的方式连接，在 CP 端加入 kHz 级的连续脉冲，用双踪示波器观察 CP 和 Q 端的波形。画出波形，并求出时钟 CP 和输出 Q 之间的频率关系。

3. 集成 JK 触发器的功能测试

74LS76 是一个双 JK 触发器，它的引脚排列如图 4-8（a）所示，其逻辑符号如图 4-8（b）所示。电路中 PR 和 CLR 是低电平

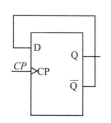

图 4-7　静态功能测试电路

有效,+5 V 电源接在 5 脚(V_{CC})和 13 脚(GND)之间。74LS76 的 PR 和 CLR 的功能和 74LS74 的 PR 和 CLR 功能相同。

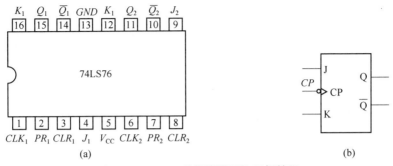

图 4-8　74LS76 的引脚排列和逻辑符号

(a)引脚排列;(b)逻辑符号

　　将 74LS76 按照图 4-8 所示的方式连接,在 CP 端加入 kHz 级的连续脉冲,用双踪示波器观察 CP 和 Q 端的波形。画出波形,并求出时钟 CP 和输出 Q 之间的频率关系。

五、实验报告

　　(1) 阐明 RS 触发器输出状态"不变"和"不定"的含义。

　　(2) 总结 PR 和 CLR 及各输入端的作用。

　　(3) 说出 D 触发器和 JK 触发器是上升沿触发还是下降沿触发。

　　(4) 画出触发器逻辑功能动态测试时的 CP 和 Q 的对应波形,求出 CP 和 Q 之间的频率关系。

实验 4.3　移位寄存器的功能测试

一、实验目的

　　(1) 掌握移位寄存器的工作原理及电路组成。

　　(2) 掌握集成电路 74LS194 4 位双向移位寄存器的逻辑功能测试。

二、实验设备

　　数字/模拟实验装置 1 台、数字电路实验板 1 块、Si-47 万用表 1 个、YB4360F 型示波器 1 台、74LS74 2 片、74LS194 1 片。

三、实验原理

1. 单向移位寄存器

　　移位寄存器是一种由触发器链形连接组成的同步时序网络,触发器的输出端连接到下级触发器的控制输入端,在时钟脉冲作用下,存储在移位寄存器中的信息逐位左移或右移。D 触发器组成的 4 位右移位寄存器如图 4-9 所示，D 触发器组成的 4 位左移位寄存器如图 4-10 所示。

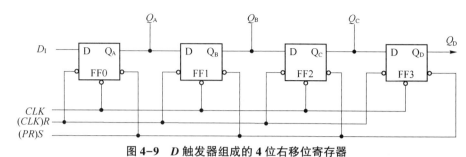

图 4-9 D 触发器组成的 4 位右移位寄存器

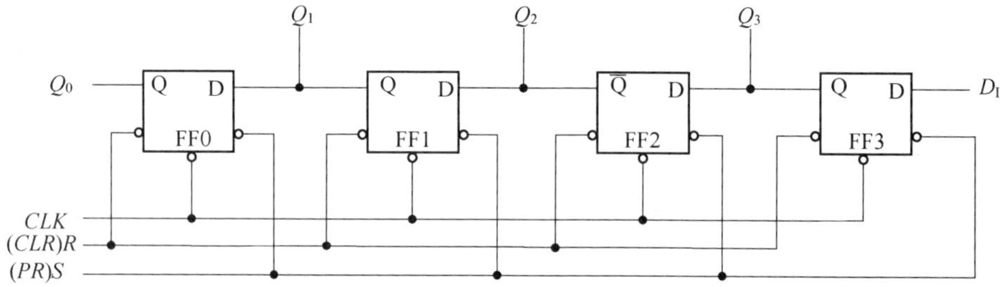

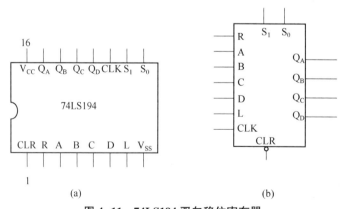

图 4-10 D 触发器组成的 4 位左移位寄存器

移位寄存器的清零方式有两种：一种是将所有触发器的清零端 $CLR(R)$ 连在一起，置位端 $PR(S)$ 连在一起，当 $R=0$、$S=1$ 时，所有 Q 端均为 0，这种方式称为异步清零；另一种方式是在串行输入端输入"0"电平，接着从 CLK 端送 4 个脉冲，则所有触发器也可清至零状态。

2. 双向移位寄存器

74LS194 为集成的 4 位双向移位寄存器，如图 4-11 所示。

图 4-11 74LS194 双向移位寄存器

（a）引脚排列；（b）逻辑符号

CLK 为时钟脉冲输入端，CLR 为清除端（低电平有效）；A、B、C、D 为并行数据输入端；L 为左移串行数据输入端，R 为右移串行数据输入端；S_0、S_1 为工作方式控制端；$Q_A \sim Q_D$ 为输出端。

当清除端(CLR)为低电平时,输出端($Q_A \sim Q_D$)均为低电平。当工作方式控制端(S_0、S_1)均为高电平时,在时钟(CLK)上升沿作用下,并行数据(A、B、C、D)被送入相应的输出端($Q_A \sim Q_D$),此时串行数据被禁止。

当S_1为低电平、S_0为高电平时,在CLK上升沿作用下进行右移操作,数据由R送入。

当S_1为高电平、S_0为低电平时,在CLK上升沿作用下进行左移操作,数据由L送入。

当S_0和S_1均为低电平时,CLK被禁止,所存数据保持不变。

四、实验步骤

1. 由 D 触发器构成的单向移位寄存器

在连接电路时,将 D 触发器 74LS74 插入实验装置上相应的位置。

1) 右移位寄存器

按图 4-9 的方式接线,CLK 接单脉冲插孔,R、S、D_1 端用同步清零法或异步清零法清零。清零后应将 R 和 S 置高电平。

将 D_1 置高电平并且输入 1 个 CLK 脉冲,即将数码送入 Q_A。然后将 D_1 置低电平,再输入 3 个 CLK 脉冲,此时已将数码 1000 串行送入寄存器 Q_D、Q_C、Q_B、Q_A 中。每输入 1 个 CLK 脉冲,同时观察 $Q_A \sim Q_D$ 的状态显示,并将结果填入表 4-8 中。

表 4-8　D 触发器构成的右移位寄存器测量任务表

CP	D_1	Q_A	Q_B	Q_C	Q_D
0	0	0	0	0	0
1↑	1				
2↑	0				
3↑	0				
4↑	0				

2) 左移位寄存器

同理,按图 4-10 的方式接线,进行左移位寄存器的测量实验,并将结果填入表 4-9 中。

表 4-9　D 触发器构成的左移位寄存器测试任务表

CP	D_1	Q_0	Q_1	Q_2	Q_3
0	0	0	0	0	0
1	1				
2	0				
3	0				
4	0				

2. 测试 74LS194 的逻辑功能

(1) 将 74LS194 插入实验装置面板上对应引脚 16 的空插座中,插入时应将集成块上的缺

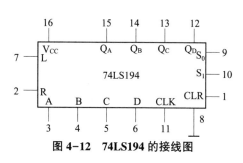

图4-12　74LS194的接线图

口对准插座缺口，按图4-12所示的方式接线。

（2）并行输入。接通电源，将 CLR 端置低电平。使寄存器清零，观察发现 $Q_A \sim Q_D$ 状态均为0，清零后将 CLR 端置高电平。令 $S_0 = 1$、$S_1 = 1$，在 0000~1111 之间任选几个二进制数，由输入端 A、B、C、D 送入，在 CLK 脉冲作用下，观察输出端 $Q_A \sim Q_D$ 状态显示是否正确，并将结果填入表4-10中。

表4-10　逻辑功能测量任务表

序号	输入				输出			
	A	B	C	D	Q_A	Q_B	Q_C	Q_D
1	0	0	0	0				
2	1	0	0	0				
3	1	0	1	0				
4	0	1	0	1				
5	1	1	1	1				
6	1	1	0	0				

（3）右移。Q_D 接 R，即将引脚12与引脚2连接，清零。令 $S_0 = 1$、$S_1 = 1$，输入一个4位二进制数，使 $Q_D Q_C Q_B Q_A = 0001$。然后令 $S_0 = 1$、$S_1 = 0$，连续发出 4 个 CLK 脉冲。观察 $Q_A \sim Q_D$ 的状态显示，并将结果填入表4-11中。

表4-11　右移测量任务表

输入	输出			
CP 脉冲数	Q_A	Q_B	Q_C	Q_D
0	1	0	0	0
1				
2				
3				
4				

（4）左移。将 Q_A 接 L（即将引脚15与引脚7连接），清零。令 $S_0 = 1$、$S_1 = 1$，输入一个4位二进制数，使 $Q_D Q_C Q_B Q_A = 1000$，然后令 $S_0 = 0$、$S_1 = 1$，连续发出 4 个 CLK 脉冲，观察 $Q_A \sim Q_D$ 的状态显示，并将结果填入表4-12中。

表 4-12　左移测量任务表

输入	输出			
CP 脉冲数	Q_A	Q_B	Q_C	Q_D
0	0	0	0	1
1				
2				
3				
4				

（5）保持。清零后输入一个 4 位二进制数，如 $Q_D Q_C Q_B Q_A = 0101$，然后令 $S_0 = 0$、$S_1 = 0$，连续发出 4 个 CLK 脉冲，观察 $Q_A \sim Q_D$ 的状态显示，并将结果填入表 4-13 中。

表 4-13　保持测量任务表

输入	输出			
CP 脉冲数	Q_A	Q_B	Q_C	Q_D
0	1	0	1	0
1				
2				
3				
4				

五、实验报告

（1）整理实验结果。
（2）设计由 D 触发器组成的双向移位寄存器，只画出逻辑图。

实验 4.4　六进制计数器

一、实验目的

（1）熟悉中规模集成计数器的使用方法。
（2）掌握同步计数器的一般分析设计方法。

二、实验设备

DLB-3 数字逻辑实验箱 1 台、XJ4312 型示波器 1 台、74LS76 双 JK 触发器 1 个、74LS90 异步十进制计数器 1 个。

三、实验原理

在数字系统中,对脉冲的个数进行计数、以实现数字测量、运算和控制的数字部件,称为计数器。计数器主要由触发器构成,若按触发器翻转的次序来分类,则可以把计数器分为同步计数器和异步计数器。在同步计数器中,当计数脉冲输入时所有触发器是同时翻转的;而在异步计数器中,各级触发器则不是同时翻转的。若按计数过程中计数器中数字的增减来分类,可以将其分为加法计数器、减法计数器和可逆计数器(也称为加减计数器)。加法计数器是随着计数脉冲的不断输入而递增计数的;减法计数器是随着计数脉冲的不断输入而递减计数的;可逆计数器随着计数脉冲的不断输入可以递增计数也可以递减计数。

四、实验步骤

1. 设计同步六进制计数器

验证所涉及的同步六进制计数器的逻辑功能,检测能否自启动。

（1）连接好电路,用数码管同时显示 Q_3、Q_2、Q_1 的启动状态。

（2）将 CP 端接单脉冲按钮,测试电路的逻辑功能。

（3）向 CP 端加入 kHz 级的连续脉冲,用双踪示波器观测 CP 及 Q_3、Q_2、Q_1 的波形。

74LS76 和 74LS90 的引脚排列分别如图 4-13 和图 4-14 所示。

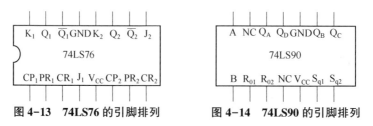

图 4-13　74LS76 的引脚排列　　　图 4-14　74LS90 的引脚排列

2. 异步十进制计数器 74LS90

按图 4-15 所示的方式将线路图连接,Q_D、Q_C、Q_B、Q_A 分别接到译码器输入端的 Y4、Y3、Y2、Y1 和发光二极管 LED4、LED3、LED2、LED1。

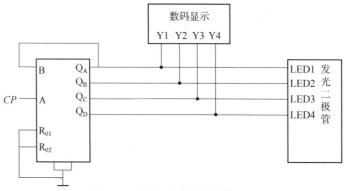

图 4-15　异步十进制计数器（1）

（1）向 A 输入单脉冲,观察计数的顺序,然后向 A 输入端提供 kHz 级的连续脉冲,用双踪示波器观测 CP 及 Q_D、Q_C、Q_B、Q_A 的波形,并画出各点波形。

（2）向 B 输入单个和连续脉冲,用双踪示波器观测 CP 及 Q_D、Q_C、Q_B、Q_A 的波形,并画出各点波形。

比较（1）和（2）的计数顺序和输出波形,它们有无差别及各位的权分别是多少。

五、实验报告

（1）整理实验数据并画出工作波形。

（2）比较 74LS90 的 8-4-2-1 连接法和 5-4-2-1 连接法,简述"权"的含义。

实验 4.5　译码器及其应用

一、实验目的

（1）掌握中规模集成译码器的逻辑功能和使用方法。

（2）掌握数码管的使用方法。

二、实验设备

5 V 直流电源 1 个、YB4360F 型示波器 1 台、连续脉冲源 1 个、逻辑电平开关 1 个、逻辑电平显示器 1 台、拨码开关组 1 个、译码显示器 1 台、74LS138 2 片。

三、实验原理

译码器是一个多输入、多输出的组合逻辑电路,它的作用是把给定的代号进行"翻译",变成相应的状态,使输出通道中相应的电路有信号输出。译码器在数字系统中有广泛的用途,不仅用于代码的转换、终端的数字显示,还用于数据分配、存储器寻址和组合控制信号等。

译码器可分为通用译码器和显示译码器两大类,前者又分为变量译码器和代码译码器。

变量译码器(二进制译码器)用以表示输入变量的状态,如 2-4、3-8、4-16 线译码器。若有 n 个输入变量,则有 2^n 个不同的组合状态,就有 2^n 个输出端供其使用。而每一个输出所代表的函数对应于 n 个输入变量的最小项。

74LS138 的引脚排列如图 4-16 所示,其功能表见表 4-14。

表 4-14　74LS138 的功能表

输入					输出							
S_1	$\overline{S_2}+\overline{S_3}$	A_2	A_1	A_0	$\overline{Y_0}$	$\overline{Y_1}$	$\overline{Y_2}$	$\overline{Y_3}$	$\overline{Y_4}$	$\overline{Y_5}$	$\overline{Y_6}$	$\overline{Y_7}$
0	×	×	×	×	1	1	1	1	1	1	1	1
×	1	×	×	×	1	1	1	1	1	1	1	1
1	0	0	0	0	0	1	1	1	1	1	1	1
1	0	0	0	1	1	0	1	1	1	1	1	1

续表

输入					输出							
1	0	0	1	0	1	1	0	1	1	1	1	1
1	0	0	1	1	1	1	1	0	1	1	1	1
1	0	1	0	0	1	1	1	1	0	1	1	1
1	0	1	0	1	1	1	1	1	1	0	1	1
1	0	1	1	0	1	1	1	1	1	1	0	1
1	0	1	1	1	1	1	1	1	1	1	1	0

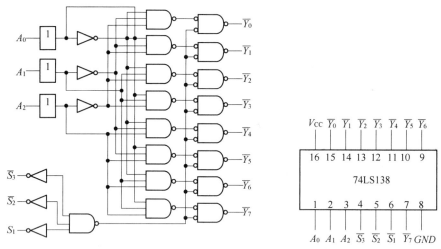

图 4-16 74LS138 的引脚排列

其中，A_2、A_1、A_0 为地址输入端；$Y_0 \sim Y_7$ 为译码输出端；S_1、S_2、S_3 为使能端。

当 $S_1 = 1$、$S_2 + S_3 = 0$ 时，器件使能、地址码所指定的输出端有低电平信号输出，其他所有输出均为无效高电平信号。当 $S_1 = 0$、$S_2 + S_3 = \times$ 时，或 $S_1 = \times$、$S_2 + S_3 = 1$ 时，译码器被禁止，所有输出同时为 1。

二进制译码器实际上也是负脉冲输出的脉冲分配器，若利用使能端中的一个输入端输入数据信息，器件就成为一个数据分配器（多路分配器），如图 4-17 所示。

若在 S_1 输入端输入数据信息，令 $S_2 = S_3 = 0$，则地址码所对应的输出是 S_1 数据信息的反码；若从 S_2 端输入数据信息，令 $S_1 = 1$、$S_3 = 0$，则地址码所对应的输出是 S_2 数据信息的原码。若数据信息是时钟脉冲，则数据分配器便成为时钟脉冲分配器。

译码器会根据输入地址的不同组合译出唯一地址，故其可用作地址译码器，将它连接到多路分配器，则可将一个信号源的数据信息传输到不同的地点。

二进制译码器还能方便地实现逻辑函数，如图 4-18 所示。

图 4-18 中二进制译码器所实现的逻辑函数为

$$Z = \overline{ABC} + \overline{ABC} + \overline{ABC} + ABC$$

利用使能端能方便地将 2 个 3-8 线译码器组合成 1 个 4-16 线译码器，如图 4-19 所示。

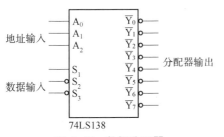

图 4-17　数据分配器

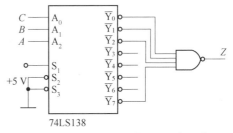

图 4-18　二进制译码器实现逻辑函数

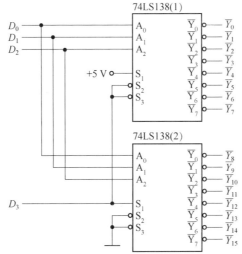

图 4-19　用 2 片 74LS138 组合成 4-16 线译码器

四、实验步骤

1. 拨码开关的使用

将实验装置上的 4 组拨码开关的输出 A_i、B_i、C_i、D_i 分别接至 4 组显示译码/驱动 CC4511 的对应输入口,LE、BI、LT 接至 3 个逻辑开关的输出插口,接上 +5 V 的电源,然后分别修改 4 个拨码开关以及 LE、BI、LT 对应的 3 个逻辑开关,观察拨码盘上的 4 位与 LED 数码显示的对应数字是否一致,译码显示是否正常。

2. 74LS138 译码器逻辑功能测试

将译码器使能端 S_1、S_2、S_3 及地址端 A_2、A_1、A_0 分别接至逻辑电平开关输出口,8 个输出端 $Y_7 \sim Y_0$ 依次连接在逻辑电平显示器的 8 个输入口上,拨动逻辑电平开关,测试逻辑功能。

3. 用 74LS138 构成时序脉冲分配器

参照图 4-18 和实验原理来组合时序脉冲分配器,时钟脉冲 CP 的频率约为 10 kHz,要求分配器输出端 $Y_0 \sim Y_7$ 输出波形,观察输出波形与 CP 输入波形之间的相位关系。

用 2 片 74LS138 组合成一个 4-16 线译码器,进行实验。

五、实验报告

(1)画出实验电路,把观察到的波形画在坐标纸上,并标上对应的地址码。

(2)对实验结果进行分析讨论。

实验 4.6　计数、译码、显示电路实验

一、实验目的

(1)熟悉和测试 74LS90 等组件的逻辑功能。

(2)掌握运用中规模集成电路组成计数、译码、显示电路的方法。

二、实验设备

数字/模拟实验装置 1 台、YB4360F 型示波器 1 台、Si－47 万用表 1 台、74LS90 2 片、74LS00 1 片。

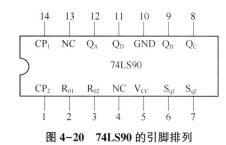

图 4-20　74LS90 的引脚排列

三、实验原理

74LS90 为二-五-十进制计数器,其引脚排列如图 4-20所示,其功能表见表 4-15。

图 4-20 中,CP_1 是二进制计数器的脉冲输入端,CP_2 是五进制计数器的脉冲输入端,R_{01} 和 R_{02} 是异步清零端,S_{q1} 和 S_{q2} 是异步置数端,Q_A 是二进制计数器的输出端,Q_B、Q_C、Q_D 是五进制计数器的输出端。

表 4-15　74LS90 的功能表

输入				输出			
R_{01}	R_{02}	S_{q1}	S_{q2}	Q_A	Q_B	Q_C	Q_D
1	1	0	×	0	0	0	0
1	1	×	0	0	0	0	0
×	×	1	1	1	0	0	1
×	0	×	0	计数			
0	×	0	×	计数			
0	×	×	0	计数			
×	0	0	×	计数			

4511-BCD-7 段译码器/驱动器和 7 段数码管(共阴极)的引脚排列分别如图 4-21 和图 4-22 所示。

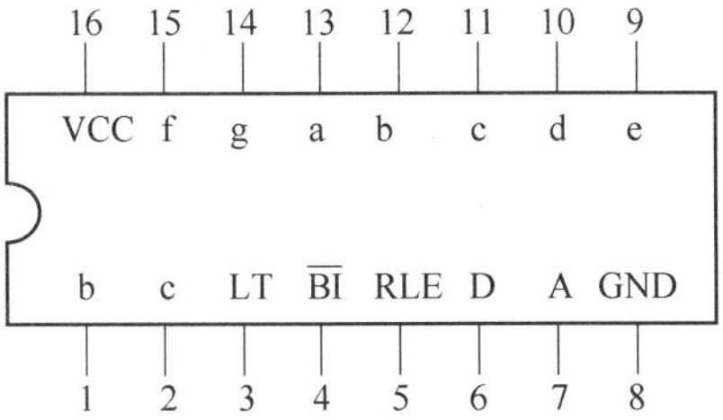

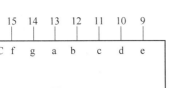

图 4-21　4511-BCD-7 段译码器的引脚排列

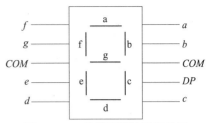

图 4-22　7 段数码管的引脚排列

共阴极数码管的公共端 COM,即发光二极管的"-"极,使用时应接低电平,需要哪一段亮,就把该段对应的引脚接高电平。

四、实验步骤

（1）利用数字电路实验装置测试 74LS90 等组件的逻辑功能。

（2）分别设计显示星期和显示钟点的计数器,显示内容如图 4-23 所示。

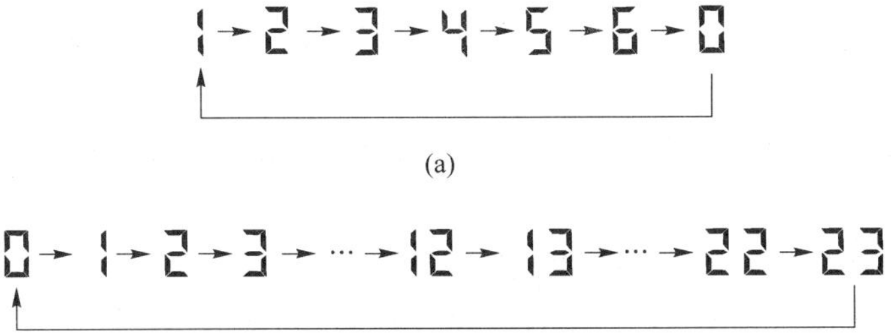

$$1 \to 2 \to 3 \to 4 \to 5 \to 6 \to 0$$

(a)

$$0 \to 1 \to 2 \to 3 \to \cdots \to 12 \to 13 \to \cdots \to 22 \to 23$$

(b)

图 4-23　数码管显示内容

（a）星期显示内容;（b）钟点显示内容

五、实验报告

（1）写出设计过程,画出实验电路图。

（2）写出实验结果。

（3）总结实验体会。

实验 4.7　集成运算放大器的基本参数测试

一、实验目的

（1）了解集成运算放大器的基本参数,以及输入失调电压 U_{IO}、输入偏置电流 I_{IB}、输入失调电流 I_{IO}、开环差模电压增益 A_{UOL} 的意义。

（2）掌握集成运算放大器的基本参数的测试条件。

二、实验设备

数字/模拟实验装置1台、运算放大器电路实验板1块、Si-47万用表1个、YB4360F型示波器1台。

三、实验原理

集成运算放大器简称集成运放，是由多级直接耦合放大电路组成的高增益模拟集成电路。

常用的表征集成运算放大器性能的参数有以下10种。

（1）开环差模电压放大倍数：简称开环增益，表示运算放大器本身的放大能力，一般为50 000~200 000倍。

（2）输入失调电压：表示静态时输出端电压偏离预定值的程度，一般为2~10 mV（折合到输入端）。

（3）单位增益带宽：表示差模电压放大倍数下降到1时的频率，一般在1 MHz左右。

（4）转换速率（又称压摆率）：表示运算放大器对突变信号的适应能力，一般在0.5 V/μs左右。

（5）输出电压和电流：表示集成运放的输出能力，一般输出电压峰峰值要比电源电压低1~3 V，短路电流在25 mA左右。

（6）静态功耗：表示无信号条件下集成运放的耗电程度。当电源电压为±15 V时，静态功耗双极型晶体管一般为50~100 mW，场效应管一般为1 mW。

（7）输入失调电压温度系数：表示温度变化对失调电压的影响，一般为3~5 μV/℃（折合到输入端）。

（8）输入偏置电流：表示输入端向外界索取电流的程度。双极型晶体管一般为80~500 nA，场效应管一般为1 nA。

（9）输入失调电流：表示流经两个输入端电流的差别。双极型晶体管一般为20~200 nA，场效应管一般小于1 nA。

（10）共模抑制比：表示集成运放对差模信号的放大倍数和对共模信号放大倍数之比，一般为70~90 dB。

四、实验步骤

1. 输入失调电压 U_{IO} 的测量

失调电压 U_{IO} 的测量电路如图4-24所示。

按图4-24所示的方式接好电路，然后接通电源，用万用表监测输出电压 U_o，调整 R_P 使 $U_o=0$。用万用表测量 U_3，则此电压 U_3 即为输入失调电压 U_{IO}。

2. 输入偏置电流 I_{IB} 的测量

输入偏置电流 I_{IB} 的测量电路如图4-25所示。

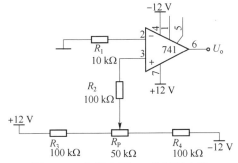

图 4-24 失调电压 U_{IO} 的测量电路

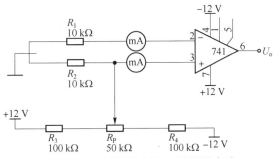

图 4-25 输入偏置电流 I_{IB} 的测量电路

按图 4-25 所示的方式接好电路,待检查电路无误后,接通电源,用万用表监测输出电压 U_o,调整 R_P 使 $U_o=0$。分别用万用表的直流电流挡测得 I_{BN}、I_{BP} 的值,并做好记录。根据 $I_{IB}=(I_{BN}+I_{BP})/2$,算出输入偏置电流 I_{IB}。

3. 输入失调电流 I_{IO} 的测量

测试步骤按"输入偏置电流 I_{IB} 的测量"的步骤进行,并测出 I_{BN} 和 I_{BP} 的值。

计算输入失调电流 I_{IO},即

$$I_{IO} = |I_{BN} - I_{BP}|$$

五、实验报告

(1)绘制实验电路原理图。

(2)记录实验中所测得的各项参数。

(3)分析实验结果并总结实验心得。

实验 4.8　集成加法运算电路

一、实验目的

(1)熟悉加法电路的原理,即电路特性。

（2）掌握加法电路的正反相的区分，加深对理论的理解。

二、实验设备

数字/模拟实验装置 1 台、运算放大器电路实验板 1 块、Si-47 万用表 1 个、YB4360F 型示波器 1 台。

三、实验原理

按照输入方式的不同，加法运算电路可以分为反相加法运算电路和同相加法运算电路。

（1）反相加法运算电路。反相加法运算电路如图 4-26（a）所示，利用这个电路可以实现 U_{i1} 和 U_{i2} 两个输入信号之间的求和运算。

（2）同相加法运算电路。图 4-26（b）所示为同相加法运算电路，也称为正加法器。顾名思义，将求和输入信号接在同相输入端，反馈电阻 R_4 仍然接在反相输入端，构成深度负反馈。

四、实验步骤

按图 4-26 所示方式连接电路，待检查电路正确无误后接通电源。

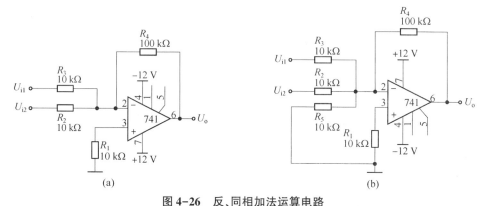

图 4-26　反、同相加法运算电路

（a）反相加法运算电路；（b）同相加法运算电路

（1）区分电路后，加入 2 个电压，测量输入与输出的结果，用万用表测 2 个输入与输出是否有叠加性质，如有，则写出结果并记录。

（2）加入 2 个交流信号，测量其输入与输出的结果并进行比较，写出结果记录。

（3）输入相同信号，与反、正加法器比较输出结果，总结反、正加法器的主要特点及使用环境。

五、实验报告

（1）绘制实验电路原理图。

（2）记录实验中所测的输出与输入信号的变化情况，绘出波形图并做比较。

（3）分析实验结果，总结实验心得。

实验 4.9　电压比较器的研究

一、实验目的

（1）了解电压比较器的原理及一般特点。

（2）掌握比较器参数选择的方法，加深对理论的理解。

二、实验设备

数字/模拟实验装置 1 台、运算放大器电路实验板 1 块、Si-47 万用表 1 台、YB4360F 型示波器 1 台。

三、实验原理

电压比较器可以看作放大倍数接近"无穷大"的运算放大器。

电压比较器的功能是比较两个电压的大小（用输出电压的高或低电平，表示两个输入电压的大小关系）：当"＋"输入端电压高于"－"输入端时，电压比较器输出为高电平；当"＋"输入端电压低于"－"输入端时，电压比较器输出为低电平。电压比较器可工作在线性工作区和非线性工作区，工作在线性工作区时特点是虚短、虚断；工作在非线性工作区时特点是跳变、虚断。

由于电压比较器的输出只有低电平和高电平两种状态，所以其中的集成运放经常工作在非线性区。从电路结构上看，集成运放常处于开环状态，是为了使电压比较器输出状态的转换更加快速，以提高响应速度，一般在电路中接入正反馈。

四、实验步骤

电压比较器的连接电路如图 4-27 所示。

（1）按图 4-27 所示方式连接电路，检查无误后，接通电源。

（2）用万用表测 U_{i1}、U_{i2}、U_o 的值，并缓慢调整 R_P，使 U_{i1} 的电压达到选测的要求，测出 U_o 的值并记录列表。

（3）在 U_{i1} 变化时，将 U_{i2} 值的输出规律记录后列表。

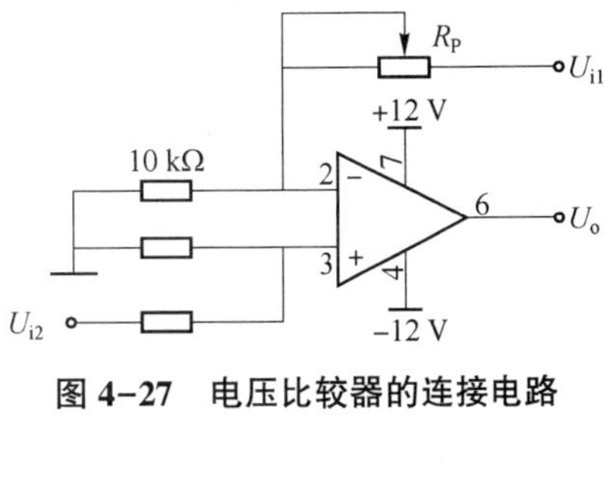

图 4-27　电压比较器的连接电路

五、实验报告

（1）绘出实验原理图。

（2）记录所测实验数据并列表总结。

实验 4.10　集成功率放大器的研究

一、实验目的

（1）熟悉集成功率放大器的特点。

（2）掌握集成功率放大器的主要性能指标及测量方法。

二、实验设备

YB4360F 型示波器 1 台、YB1638 型信号发生器 1 台、数字/模拟实验装置 1 台、功率放大电路实验板 1 块。

三、实验原理

集成功率放大器简称功放，是指在给定失真率条件下，能产生最大功率输出以驱动某一负载（如扬声器）的放大器。集成功率放大器在整个音响系统中起到了"组织、协调"的枢纽作用，在某种程度上决定着整个系统能否提供良好的音质输出。

集成功率放大器的原理是利用三极管的电流控制作用或场效应管的电压控制作用将电源的功率转换为按照输入信号变化的电流。因为声波的振幅和频率不同，即交流信号电流、三极管的集电极电流永远是基极电流的 β 倍，β 是三极管的交流放大倍数，应用这一点，若将小信号注入基极，则集电极流过的电流会等于基极电流的 β 倍，然后将这个信号用隔直电容隔离出来，就得到了电流（或电压）是原先 β 倍的大信号，这种现象称为三极管的放大作用。经过不断的电流放大，就完成了功率放大。

四、实验步骤

按图 4-28 所示方式连接电路，在实验板上插装电路，不加信号时测静态工作电流。

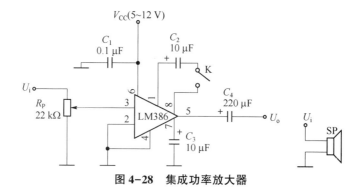

图 4-28　集成功率放大器

在输入端接入频率为 1 kHz 的信号,用示波器观察输出波形,逐渐增加输入电压,直至输出波形出现失真为止,记录此时输入电压、输出电压的幅值,并记录波形。

去掉 10 μF 的电容,重复上述实验。改变电源电压(选 5 V、9 V 两挡),重复上述实验。

五、实验报告

(1)根据实验测量值,计算各种情况下的 P_{omax}(最大输出功率)、P_V(直流电源供给功率)及 η(效率)。

(2)作出电源电压与输出电压、输出功率的关系曲线。

实验 4.11 集成运放一阶有源滤波器

一、实验目的

(1)熟悉一阶有源滤波器的原理及电路特性。
(2)掌握电路幅频特性,加深对理论的理解。

二、实验设备

数字/模拟实验装置 1 台、运算放大器电路实验板 1 块、Si-47 万用表 1 台、YB4360F 型示波器 1 台。

三、实验步骤

一阶有源滤波器是最简单的滤波器,一阶有源滤波器也是组成二阶、高阶有源滤波器的最小单元,按图 4-29 所示方式连接电路,待检查无误后,接通电源。

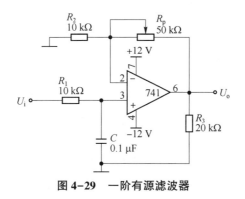

图 4-29 一阶有源滤波器

（1）输入一个频率为 50 Hz 的电信号波形（方波），观察输出波形。

（2）输入一个频率为 10 Hz 的波形（方波），观察输出波形的变化情况。

（3）比较输入低频信号与输入高频信号的不同。

四、实验报告

（1）绘出实验原理图。

（2）记录所测的数据并列表比较。

第五章

EWB 仿真

实验 5.1 验证基尔霍夫电流定律

一、实验目的

(1) 掌握验证基尔霍夫电流定律的方法。

(2) 掌握测量并联电阻电路中每个电阻两端的电压和流过每个电阻的电流的方法。

(3) 由电路的电流和电压确定并联电阻电路的等效电阻,并比较测量值和计算值。

二、实验设备

直流电压源 1 个、Si-47 数字万用表 1 个、电压表 3 个、电流表 4 个、电阻 3 个。

三、仿真步骤

1. 建立电阻并联实验电路

图 5-1 所示为元器件库栏,元器件总数近万种,其中二极管(含 FET 和 VMOS 管) 2 900 种,运算放大器 2 000 种,给电路仿真实验带来了方便。元件主要包括:电源、电阻器、电容器、电感器、二极管、双极性晶体管、FET、VMOS、传输线、控制开关、DAC 与 ADC、运算放大器与电压比较器、TTL74 系列与 CMOS4000 系列数字电路、时基电路等。

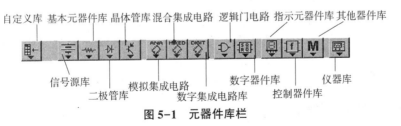

图 5-1 元器件库栏

首先在元器件库中找到电源、接地、电阻、电流表并按照如图 5-2 所示摆放;然后选定元件,右击,在弹出的快捷菜单中执行"Component Properties"命令,设置元器件的数值(Value);最后连接导线,将鼠标指向一个元件的端点,待出现小圆点后,按住左键并拖拽导线到另一个元件的端点,待出现小圆点后松开,完成如图 5-2 所示的电阻并联实验电路。

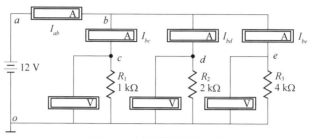

图 5-2　电阻并联实验电路

2. 激活实验电路

在【Analysis】分析菜单中,选择【Activate】选项进行电路分析,它和【Stop】一起相当于面板上的"启动/停止"开关。记录电流 I_{ab}、I_{bc}、I_{bd} 和 I_{be},并验证基尔霍夫电流定律。

3. 验证等效的概念

用电路电流 I_{ab} 及电压 U,计算并联电路的等效电阻 R,验证等效的概念。

四、实验报告

将完成的实验内容形成文字,并简述相应的基本结论。

实验 5.2　验证基尔霍夫电压定律

一、实验目的

（1）掌握验证基尔霍夫电压定律的方法。
（2）掌握测量并联电阻电路中每个电阻两端的电压和流过每个电阻的电流的方法。
（3）由电路的电流和电压确定并联电阻电路的等效电阻,并比较测量值和计算值。

二、实验设备

直流电压源 1 个、Si-47 数字万用表 1 个、电压表 3 个、电流表 3 个、电阻 3 个。

三、仿真步骤

1. 建立电阻串联实验电路

首先在元器件库中找到电源、接地、电阻、电流表和电压表并按照如图 5-3 所示摆放;然后选定元件,右击,在弹出的快捷菜单中执行"Component Properties"命令,设置元器件的数值（Value）;最后连接导线,将鼠标指向一个元件的端点,待出现小圆点后,按住左键并拖拽导线到另一个元件的端点,待出现小圆点后松开,完成如图 5-3 所示的电阻串联实验电路。

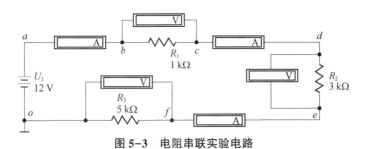

图 5-3 电阻串联实验电路

2. 激活实验电路

在【Analysis】分析菜单中,选择【Activate】选项进行电路分析,它和【Stop】一起相当于面板上的"启动/停止"开关。记录各电阻上的电压值,并验证基尔霍夫电压定律。

3. 验证等效的概念

测试电压源上的电压和电流值,计算串联电路的等效电阻 R,验证等效的概念。

四、实验报告

将完成的实验内容形成文字,并简述相应的基本结论。

实验 5.3 验证叠加定理

一、实验目的

(1)掌握验证叠加定理的方法。
(2)掌握测量并联电阻电路中每个电阻两端的电压和流过每个电阻的电流的方法。

二、实验设备

直流电压源 2 个、Si-47 万用表 1 个、电流表 3 个、电阻 3 个。

三、仿真步骤

1. 建立叠加定理实验电路

首先在元器件库中找到电源、接地、电阻、电流表并按照如图 5-4 所示摆放;然后选定元件,右击,在弹出的快捷菜单中执行"Component Properties"命令,设置元器件的数值(Value);最后连接导线,将鼠标指向一个元件的端点,待出现小圆点后,按住左键并拖拽导线到另一个元件的端点,待出现小圆点后松开,完成如图 5-4 所示的叠加定理实验电路。

2. 激活实验电路

在【Analysis】分析菜单中,选择【Activate】选项进行电路分析,它和【Stop】一起相当于面板上的"启动/停止"开关。记录图 5-4(a)中 20 V 和 15 V 电压源共同作用时,各电阻上的电流

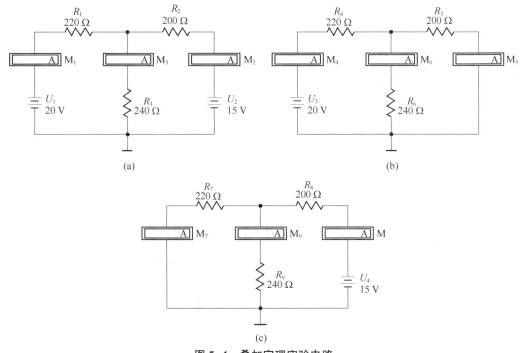

图 5-4　叠加定理实验电路

值；记录图 5-4(b) 中 20 V 电压源单独作用时，各电阻上的电流值；记录图 5-4(c) 中 15 V 电压源单独作用时，各电阻上的电流值。验证叠加定理和基尔霍夫电压定律。

四、实验报告

将完成的实验内容形成文字，并简述相应的基本结论。

实验 5.4　验证戴维南定理

一、实验目的

验证戴维南定理的正确性。

二、实验设备

直流电压源 1 个、电压表 1 个、电流表 1 个、电阻 3 个。

三、仿真步骤

（1）首先在元器件库中找到电源、接地、电阻、电压表并按照如图 5-5 所示摆放；然后选定元件，右击，在弹出的快捷菜单中执行"Component Properties"命令，设置元器件的数值（Value）；

最后连接导线,将鼠标指向一个元件的端点,待出现小圆点后,按住左键并拖拽导线到另一个元件的端点,待出现小圆点后松开,完成如图 5-5(a)所示的测量二端网络电压的实验电路。

(2)单击仿真电源开关,激活该电路,测量 a、o 两端的开路电压 U_{OC}。

(3) 建立如图 5-5(b)所示的测量二端网络短路电流的实验电路,激活该电路,测量 a、o 两端的短路电流 I_{SC}。

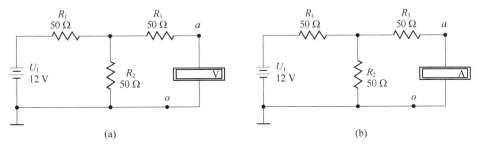

图 5-5　戴维南定理实验电路

(a)测量二端网络电压;(b)测量二端网络短路电流

(4) 根据 U_{OC} 和 I_{SC} 的测量值,计算戴维南电压 U_{OC} 和戴维南电阻 R_0。

(5) 根据计算值,画出戴维南等效电路。

四、实验报告

将完成的实验内容形成文字,并简述相应的基本结论。

实验 5.5　*RC* 电路仿真

一、实验目的

(1) 观察一阶电路的过渡过程,测量并画出电压曲线图和电流曲线图。

(2) 测量 *RC* 电路的时间常数并比较测量值与计算值。

二、实验设备

YB4360F 型示波器 1 台、电容 2 个、电阻 2 个。

三、仿真步骤

1. 建立 *RC* 实验电路

首先在元器件库中找到接地、电阻、电容信号发生器和示波器并按照如图 5-6 所示连接,完成 *RC* 实验电路。

2. 对信号发生器进行设置

信号发生器可以产生正弦波、三角波和方波信号,其图标和面板如图 5-7 所示。可通过单击面板上的"波形选择"按钮和在相应窗口设置参数来调节方波和三角波的占空比。信号发生器的信号可由任意两端输出，也可由三端输出两路信号。"+"端子与"Common"端子（公共端一般接电路的公共地）输出信号为正极性信号，而"−"端子和"Common"端子之间输出负极性信号。两信号幅度相等，极性相反。要改变输出信号，应先单击"启动/停止"开关，关闭正在进行的仿真；再调

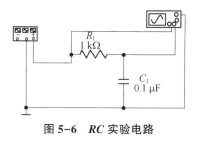

图 5-6 *RC* 实验电路

整信号发生器的设置，设置频率为 1 Hz，占空比为 50%，幅度为 10 V，偏置为 0，调整好后再启动仿真，才能输出改动后的信号波形。

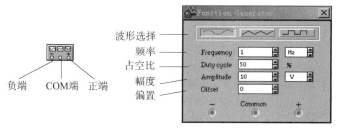

图 5-7 信号发生器图标和面板

3. 计算时间常数 τ

双击示波器图标弹出面板，观察和记录示波器的波形。根据 R、C 的值，计算 RC 电路的时间常数 τ。

示波器为双踪模拟式，其图标和面板如图 5-8 所示。为了能更细致地观察波形，可以单击示波器面板上的"Expand"按钮，将面板进一步展开。通过拖拽指针可以详细读取波形上任一点的数值，及两指针间的各数值之差；单击"Reverse"按钮可改变屏幕背景颜色；单击"Save"按钮可按 ASCII 码格式存储波形读数；在动态显示时，单击"Pause"按钮或按"F9"键后，可通过改变" X position"设置来左右移动波形。

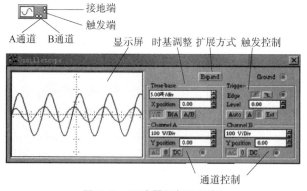

图 5-8 示波器图标和面板

选定元件后右击，在弹出的快捷菜单中执行"Component Properties"命令，设置元器件的数

值(Value)。连接导线,将鼠标指向一个元件的端点,待出现小圆点后,按住左键并拖拽导线到另一个元件的端点,待出现小圆点后松开。

四、实验报告

将完成的实验内容形成文字,并简述相应的基本结论。

实验 5.6　完全响应过程仿真

一、实验目的

(1) 观察一阶电路完全响应的过渡过程,研究元件参数改变时对过渡过程的影响。

(2) 掌握测量并画出电压曲线图和电流曲线图的方法。

(3) 掌握测量 RC 电路的时间常数并比较测量值与计算值的方法。

二、实验设备

YB4360F 型示波器 1 台、电容 2 个、电阻 2 个。

三、EWB 仿真步骤

(1) 首先在元器件库中找到开关、电阻、电容、接地、电源和示波器并按照如图 5-9 所示摆放;然后选定元件,右击,在弹出的快捷菜单中执行"Component Properties"命令,设置元器件的数值(Value);最后连接导线,将鼠标指向一个元件的端点,待出现小圆点后,按住左键并拖拽导线到另一个元件的端点,待出现小圆点后松开,完成如图 5-9 所示的完全响应过程的仿真实验电路。

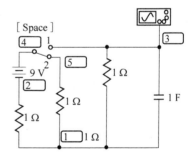

图 5-9　完全响应过程的仿真实验电路

选定菜单【Circuit】下【Schematic Option】子菜单中的【Show nodes】(显示结点)项,可以把电路的结点号显示在电路图上。

(2) 激活实验电路,在【Analysis】分析菜单中,选择【Activate】选项进行电路分析,它和【Stop】一起相当于面板上的"启动/停止"开关。

(3) 双击示波器图标弹出面板图,观察和记录示波器的波形,并根据 R、C 的值,计算 RC 电路的时间常数 τ。

四、实验报告

将完成的实验内容形成文字,并简述相应的基本结论。

实验 5.7　正弦稳态电路仿真

一、实验目的

（1）观察一阶电路完全响应的过渡过程,研究元件参数改变时对过渡过程的影响。

（2）掌握测量并画出电压曲线图和电流曲线图的方法。

（3）掌握测量 RC 电路的时间常数并比较测量值与计算值的方法。

二、实验器材

YB4360F 型示波器 1 台、电容 1 个、电阻 1 个、电感 1 个、电压表 1 个。

三、EWB 仿真步骤

（1）建立实验电路,如图 5-10 所示,放置信号源库中的交流电压源,选定元件后右击,在弹出的快捷菜单中执行"Component Properties"命令,设置元器件的参数,电压的有效值为 20 V,频率为 1.591 55 Hz,角度为 45°。在基本元器件库中找到电阻、电容和电感,选定元件后

右击,在弹出的快捷菜单中执行"Component Properties"命令,设置元器件的数值（Value）。从指示器件库中,拖拽电压表并放置;从仪器库中拖拽示波器并放置。连接导线,将鼠标指向一个元件的端点,待出现小圆点后,按住左键并拖拽导线到另一个元件的端点,待出现小圆点后松开。

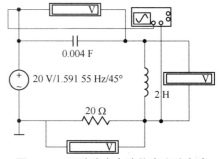

（2）激活实验电路,在【Analysis】分析菜单中,选择【Activate】选项进行电路分析。

图 5-10　正弦稳态电路仿真实验电路

（3）双击示波器图标弹出面板图,观察和记录示波器的波形,并利用示波器上所得到的 u_s 和 u_R 的波形,求 u_R、u_L、u_C。

四、实验报告

将完成的实验内容形成文字,并简述相应的基本结论。

实验 5.8　用 JK 触发器组成 T 触发器

一、实验目的

(1)熟悉 JK 触发器、T 触发器的特征方程。

(2)掌握用 JK 触发器组成 T 触发器的方法。

二、实验设备

逻辑分析仪 1 台、低电平异步置位 *JK* 触发器 1 个、方波信号源 1 个。

三、EWB 仿真步骤

（1）建立实验电路,如图 5-11 所示,在数字器件库中添加 *JK* 触发器,在信号源库中添加时钟源,选定元件后右击,在弹出的快捷菜单"Clock Properties"中的"Value"选项卡中设置"Frequency"为 1 000 Hz,"Duty cycle"为 50%,"Voltage"为 5 V。在信号源库中添加 V_{CC} 电压源,在仪器库中添加逻辑分析仪。连接导线,将鼠标指向一个元件的端点,待出现小圆点后,按住左键并拖拽导线到另一个元件的端点,待出现小圆点后松开。

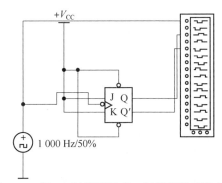

图 5-11 用 *JK* 触发器组成 *T* 触发器的实验电路

（2）激活实验电路,在【Analysis】分析菜单中选择【Activate】选项进行电路分析。

（3）双击逻辑分析仪图标,弹出面板图,观察和记录波形。

四、实验报告

将完成的实验内容形成文字,并简述相应的基本结论。

实验 5.9　用 *JK* 触发器组成 16 分频器

一、实验目的

（1）熟悉用 *JK* 触发器组成的 16 分频器。

（2）熟悉 *JK* 触发器、16 分频器的特征方程。

二、实验设备

逻辑分析仪 1 台、低电平异步置位 *JK* 触发器 4 个、方波信号源 1 个、与门 2 个。

三、EWB 仿真步骤

（1）从电源库分别选中接地、直流电源 V_{CC}、脉冲电源,单击工作平台空白处把元件放置在合适位置；同样从 TTL 数字 IC 库中找出 2 个与门放置在工作台合适位置；再从数据模块库中找出 4 个 JK 触发器，把元器件按原理连线，接成 16 分频器；然后接上逻辑分析仪，建立实验电路，如图 5-12 所示。连接导线，鼠标指向一个元件的端点，待出现小圆点后，按住左键并拖拽导线到另一个元件的端点，待出现小圆点后松开鼠标左键。

双击打开逻辑分析仪，把 Clock&/Div 设置由默认的"1"改为"16"，其他设置项采用系统默认值。

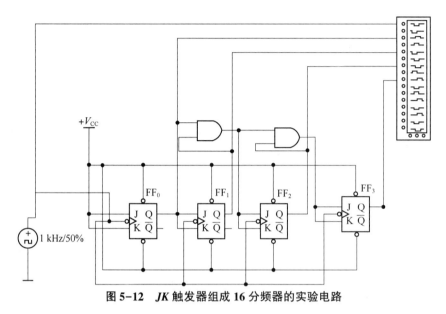

图 5-12　JK 触发器组成 16 分频器的实验电路

（2）激活实验电路，在【Analysis】分析菜单中，选择【Activate】选项进行电路分析。

（3）双击逻辑分析仪图标，弹出面板图，逻辑仪有波形输出，再按下暂停按钮，观察和记录波形。

四、实验报告

将完成的实验内容形成文字，并简述相应的基本结论。

实验 5.10　六进制计数器

一、实验目的

（1）了解 74LS160 的计数原理。

（2）掌握用 74LS160 实现十进制以内的计数方法。

二、实验设备

7 段数码管 1 个、集成电路 74LS160 1 个、方波信号源 1 个、与非门 1 个。

三、EWB 仿真步骤

（1）在数字集成电路库中找到 74LS160，在信号源库中添加时钟源，选定元件后右击，在弹出的快捷菜单"Clock Properties"中的"Value"选项卡中设置"Frequency"为 1 Hz，"Duty cycle"为 50%，"Voltage"为 5 V；在指示器件库中插入 7 段数码管，在元器件库中添加逻辑门电路，在信号源库中添加 V_{CC} 电压源和接地。连接导线，将鼠标指向一个元件的端点，待出现小圆点后，按住左键并拖拽导线到另一个元件的端点，待出现小圆点后松开鼠标；最后完成的实验电路，如图 5-13 所示。

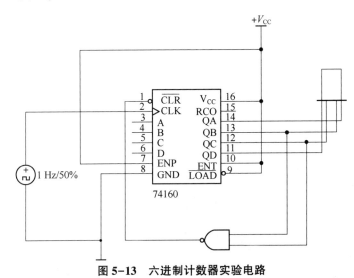

图 5-13　六进制计数器实验电路

（2）激活实验电路，在【Analysis】分析菜单中，选择【Activate】选项进行电路分析。

（3）观察和记录 7 段数码管上的输出。

四、实验报告

将完成的实验内容形成文字，并简述相应的基本结论。

实验 5.11　译码器及其应用

一、实验目的

（1）了解译码器的工作原理。

（2）掌握译码器等中规模集成组件的特性和应用。

二、实验器材

逻辑探针 4 个、非门 2 个、与非门 4 个、键控开关 2 个、电阻元件 2 个。

三、EWB 仿真步骤

（1）建立实验电路,如图 5-14 所示。在基本元器件库中添加开关和电阻,在信号源库中添加 V_{CC} 电压源,在逻辑门电路库中添加非门和与非门,在指示器件库中添加彩色指示灯。连接导线,将鼠标指向一个元件的端点,待出现小圆点后,按住左键并拖拽导线到另一个元件的端点,待出现小圆点后松开。

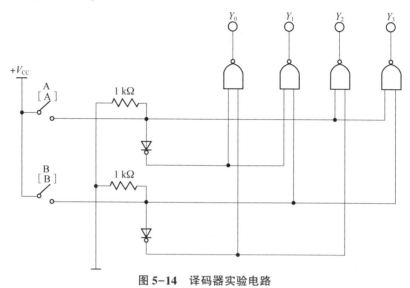

图 5-14　译码器实验电路

（2）激活实验电路,在【Analysis】分析菜单中,选择【Activate】选项进行电路分析。
（3）激活实验电路,观察和记录逻辑探针上的输出。

四、实验报告

将完成的实验内容形成文字,并简述相应的基本结论。

实验 5.12　编码器及其应用

一、实验目的

（1）了解编码器的工作原理。
（2）掌握编码器等中规模集成组件的特性和应用。

二、实验设备

逻辑探针 4 个、与非门 4 个、键控开关 10 个、电阻元件 10 个、与门 7 个。

三、EWB 仿真步骤

（1）建立实验电路,如图 5-15 所示。在基本元器件库中添加开关和电阻,在信号源库中

添加 V_{CC} 电压源,在逻辑门电路库中添加与门和与非门,在指示器件库中添加彩色指示灯。连接导线,将鼠标指向一个元件的端点,待出现小圆点后,按住左键并拖拽导线到另一个元件的端点,待出现小圆点后松开。

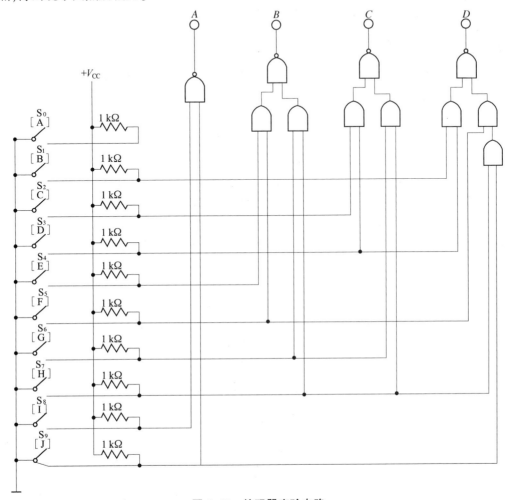

图 5-15　编码器实验电路

（2）激活实验电路,在【Analysis】分析菜单中,选择【Activate】选项进行电路分析。

（3）激活实验电路,观察和记录逻辑探针上的输出。

四、实验报告

将完成的实验内容形成文字,并简述相应的基本结论。

实验 5.13　555 集成定时器及应用

一、实验目的

（1）掌握定时器的工作原理。

（2）掌握定时器等中规模集成组件的特性和应用。

二、实验设备

YB4360F 型示波器 1 个、555 集成定时器 1~2 个、电阻元件 2~5 个、电容元件 2 个。

三、EWB 仿真步骤

（1）建立实验电路，如图 5-16 所示，在混合集成电路库中添加 555 集成定时器，在基本元器件库中添加电阻和电容，在信号源库中添加 V_{CC} 电压源、电池和接地符号。选定该元件后右击，在弹出的快捷菜单中执行"Component Properties"命令，设置元器件的数值（Value）。在仪器库中添加示波器，将鼠标指向一元件的端点，待出现小圆点后，按住左键并拖拽导线到另一个元件的端点，待出现小圆点后松开鼠标左键。

（2）激活实验电路，在【Analysis】分析菜单中，选择【Activate】选项进行电路分析。

（3）为了能更细致地观察波形，可以单击示波器面板上的"Expand"按钮，将面板进一步展开；通过拖拽指针可以详细读取波形上任一点的数值，及两指针间的各数值之差；单击"Reverse"按钮可改变屏幕背景颜色；单击"Save"按钮可按 ASCII 码格式存储波形读数；在动态显

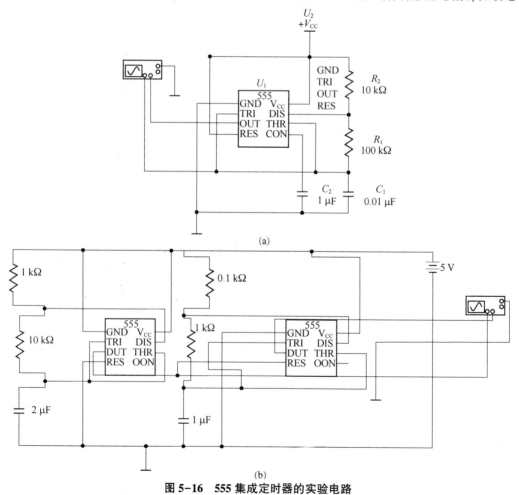

(a)

(b)

图 5-16 555 集成定时器的实验电路

（a）555 多谐振荡器；（b）555 间歇振荡器

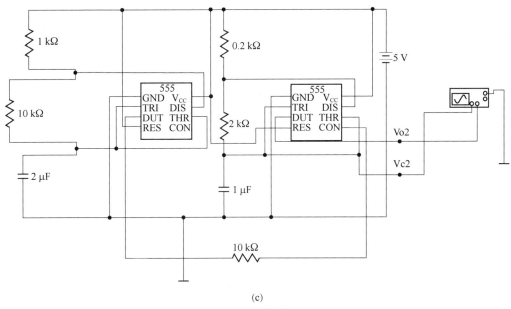

(c)

图 5-16　555 集成定时器的实验电路(续)

(c) 555 报警器

示时,单击"Pause"按钮或按"F9"键后,可通过改变" X position"设置来移动波形。观察和记录示波器上的输出。

四、实验报告

将完成的实验内容形成文字,并简述相应的基本结论。

实验 5.14　集成运算放大器测试

一、实验目的

(1)了解集成运算放大器在线性和非线性模拟电路方面的应用。

(2)掌握利用 EWB 进行模拟电路仿真测试的方法。

二、实验设备

电压表 1 个、集成运算放大器 1 个、电阻 5 个、电容 2 个、直流电压源 2 个、YB4360F 型示波器 1 个、YB1638 型信号发生器 1 个等。

三、EWB 仿真步骤

(1)建立实验电路,如图 5-17 所示,在模拟集成电路库中添加三端运放,在基本元器件库中添加电阻和电容,在信号源库中添加 V_{CC} 电压源、电池和接地符号,在指示器件库中添加电压表、函数信号发生器。选定任一元件后右击，在弹出的快捷菜单中执行"Component Properties"命令，设置元器件的数值（Value）。在仪器库中添加示波器。将鼠标指向一元件的端点，待出现小圆点后，按住左键并拖拽导线到另一个元件的端点，待出现小圆点后松开。

将函数信号发生器设置为方波信号，"Frequency"设置为 10 kHz，"Duty cycle"设置为 50%，"Amplitude"设置为 2 V，"Offset"设置为 0。

（2）激活实验电路，在【Analysis】分析菜单中，选择【Activate】选项进行电路分析。

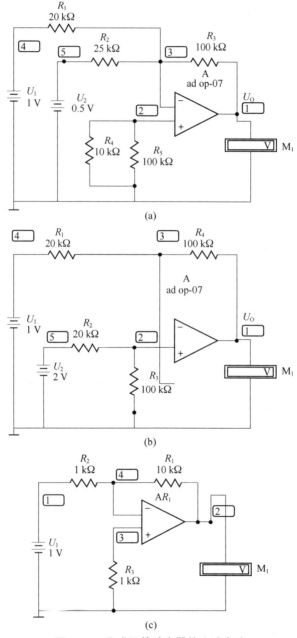

图 5-17 集成运算放大器的实验电路

（a）加法器实验电路；（b）减法器实验电路；（c）反相比例实验电路

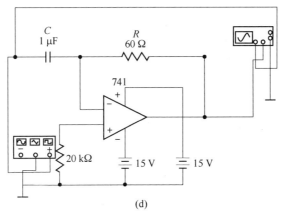

(d)

图 5-17　集成运算放大器的实验电路(续)

(d) 微分器实验电路

(3)为了能更细致地观察波形,可以单击示波器面板上的"Expand"按钮,将面板进一步展开。通过拖拽指针可以详细读取波形上任一点的数值,及两指针间的各数值之差;单击"Reverse"按钮可改变屏幕背景颜色;单击"Save"按钮可按 ASCII 码格式存储波形读数;在动态显示时,单击"Pause"按钮或按"F9"键后,可通过改变" X position"设置来移动波形。观察和记录电压表或者示波器上的输出,验证计算值和仿真测试值。

四、实验报告

将完成的实验内容形成文字,并简述相应的基本结论。

下篇

习题解答篇

第六章

集总电路分析基础

一、填空题

1. 实际电路元件的电特性单一而确切,理想电路元件的电特性则<u>多元</u>和<u>复杂</u>。无源二端理想电路元件包括<u>电阻</u>元件、<u>电感</u>元件和<u>电容</u>元件。

2. 由<u>理想电路元件</u>构成的、与实际电路相对应的电路称为<u>电路模型</u>,这类电路只适用<u>集总参数元件</u>构成的低、中频电路的分析。

3. <u>电压</u>是电路中产生电流的根本原因,数值上等于电路中<u>两点电位</u>的差值。

4. <u>电位</u>具有相对性,其大小正负相对于电路参考点而言。

5. 衡量电源力做功本领的物理量称为<u>电动势</u>,它只存在于电源内部,其参考方向规定由<u>电源正极高电位</u>指向<u>电源负极低电位</u>,与<u>电源端电压</u>的参考方向相反。

6. 电流所做的功称为<u>电功</u>,其单位有<u>焦耳</u>和<u>度</u>;单位时间内电流所做的功称为<u>电功率</u>,其单位有<u>瓦特</u>和<u>千瓦</u>。

7. 通常我们把负载上的电压、电流方向称作<u>关联</u>方向;而把电源上的电压和电流方向称为<u>非关联</u>方向。

8. <u>欧姆定律</u>体现了线性电路元件上电压、电流的约束关系,与电路的连接方式无关;<u>基尔霍夫定律</u>则是反映了电路的整体规律,其中 KCL 定律体现了电路中任意结点上汇集的所有<u>支路电流</u>的约束关系,KVL 定律体现了电路中任意回路上所有<u>元件上电压</u>的约束关系,具有普遍性。

9. 理想电压源输出的<u>电压值</u>恒定,输出的<u>电流值</u>由它本身和外电路共同决定;理想电流源输出的电流值恒定,输出的<u>电压</u>由它本身和外电路共同决定。

10. 电路分析的基本依据是<u>两类约束方程</u>。

二、计算题

1. 如图 6-1 所示,试计算各元件的功率,并说明是吸收功率还是发出功率。

解:此题考察参考方向的判断和公式的选择。

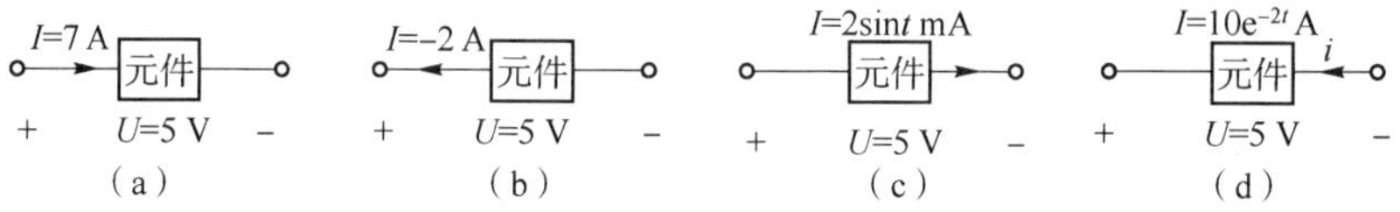

图 6-1　题 1 图

（1）图 6-1（a）电压与电流为关联参考方向，则 $P = UI = 5 \times 7 = 35(\mathrm{W})$，为吸收功率。

（2）图 6-1（b）电压与电流为非关联参考方向，则 $P = -UI = -5 \times (-2) = 10(\mathrm{W})$，为吸收功率。

（3）图 6-1（c）电压与电流为关联参考方向，则 $P = UI = 5 \times 2\sin t = 10\sin t(\mathrm{mW})$
当 $\sin t > 0$ 时，为吸收功率；当 $\sin t < 0$ 时，为发出功率。

（4）图 6-1（d）电压与电流为非关联参考方向，则 $P = -UI = -5 \times 10\mathrm{e}^{-2t} = -50\mathrm{e}^{-2t}(\mathrm{W})$，为发出功率。

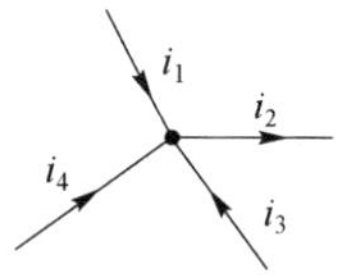

2. 如图 6-2 所示，结点处有四个支路电流，在不同时刻其中三个电流的数值如表 6-1 所示，试填写该表所缺各项。

解：根据基尔霍夫电流定律，则 $i_1 - i_2 + i_3 + i_4 = 0$ 或者 $i_1 + i_3 + i_4 = i_2$。

图 6-2　题 2 图

表 6-1　题 2 表

i_1/A	i_2/A	i_3/A	i_4/A	实际流出结点的总电流/A	实际流入结点的总电流/A
2	(2)	-5	5	(2)	(2)
-1	-3.5	(0.5)	-3	(-3.5)	(-3.5)
(8)	4	-1	-3	(4)	(4)
-5	2	-1	(8)	(2)	(2)

3. 如图 6-3 所示，回路共含四个元件，在不同时刻其中三个元件的电压值如表 6-2 所示，试填写该表所缺各项。

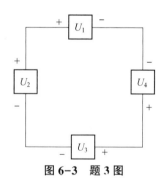

图 6-3　题 3 图

解：根据基尔霍夫电压定律，则 $U_1 - U_4 + U_3 - U_2 = 0$ 或者 $U_1 + U_3 = U_2 + U_4$

表 6-2　题 3 表

U_1/V	U_2/V	U_3/V	U_4/V	沿顺时针方向实际电压降的总和/V	沿逆时针方向实际电压降的总和/V
(5)	10	2	-3	(7)	(7)
-2	(8)	19	9	(17)	(17)
5	4	(1)	2	(6)	(6)
8	1	-5	(2)	(3)	(3)

4. 如图 6-4 所示,计算各电路中的电压或电流或电阻。

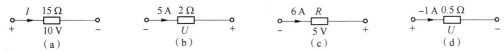

图 6-4　题 4 图

解:(1)图 6-4(a)电压与电流为关联参考方向,则 $I = \dfrac{U}{R} = \dfrac{10}{15} = \dfrac{2}{3}(A)$;

(2)图 6-4(b)电压与电流为非关联参考方向,则 $U = -RI = -2 \times 5 = -10(V)$;

(3)图 6-4(c)电压与电流为非关联参考方向,则 $R = -\dfrac{U}{I} = -\dfrac{5}{6}(\Omega)$;

(4)图 6-5(d)电压与电流为关联参考方向,则 $U = RI = 0.5 \times (-1) = -0.5(V)$。

5. 如图 6-5 所示,求电路中的电流 I。

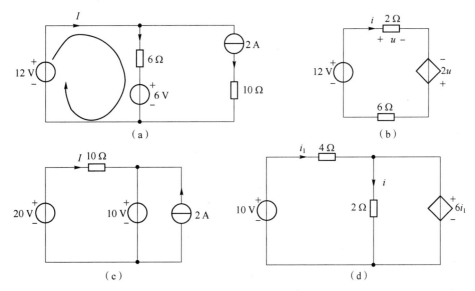

图 6-5　题 5 图

解:(1)根据基尔霍夫电流定律,我们知道流过 6 Ω 支路的电流为 $(I-2)$ A,根据基尔霍夫电压定律可知图 6-5(a)所示回路的方程为

$$6 \times (I - 2) + 6 - 12 = 0$$

解得 $I = 3$ A。

（2）我们将图6-5（b）中的 6 Ω 电阻按照关联参考方向标识，我们沿着顺时针方向列写基尔霍夫电压方程为

$$2i - 2u + 6i - 12 = 0$$

2 Ω 电阻是关联参考方向，则电阻的伏安关系为

$$u = 2i$$

我们将两式联立，解得 $I = 3$ A。

（3）我们知道图6-5（c）中 2 A 独立电流源上的电压为10 V，10 Ω 电阻按照关联参考方向标识，我们沿着顺时针方向列写基尔霍夫电压方程为

$$10I + 10 - 20 = 0$$

解得 $I = 1$ A。

（4）图6-5（d）中 4 Ω 和 2 Ω 电阻按照关联参考方向标识，我们沿着顺时针方向列写基尔霍夫电压方程为

$$4i_1 + 2i - 10 = 0$$

2 Ω 电阻和电流控制电压源 $6i_1$ 并联，则

$$2i = 6i_1$$

我们将两式联立，解得 $i = 3$ A。

6. 如图6-6所示，求电路中电压 U。

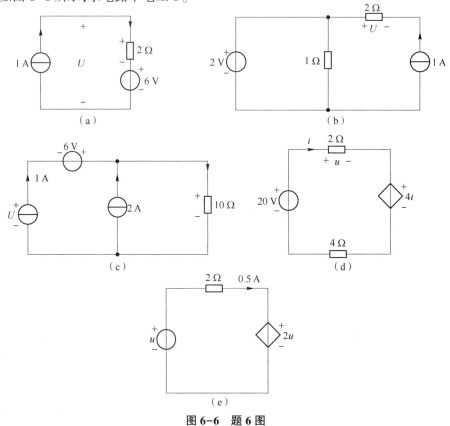

图 6-6 题 6 图

解:(1)图 6-6(a)中 2 Ω 电阻按照关联参考方向标识,电路中两点之间的电压为

$$U = 2 \times 1 + 6 = 8(V)$$

(2)图 6-6(b)中 2 Ω 电阻的电压和电流是非关联参考方向,则

$$U = -2 \times 1 = -2(V)$$

(3)如图 6-6(c)所示,流过 10 Ω 电阻的电流为(1+2)= 3(A),按照关联参考方向标识,则电路中两点之间的电压为

$$U = -6 + 10 \times 3 = 24(V)$$

(4)图 6-6(d)中 2 Ω 电阻的电压和电流是关联参考方向,则

$$u = 2i$$

我们将 4 Ω 电阻也按照关联参考方向标识,则

$$2i + 4i + 4i - 20 = 0$$

将两式联立,解得 $u = 4$ V。

(5)图 6-6(e)中 2 Ω 电阻按照关联参考方向标识,则

$$2 \times 0.5 + 2u - u = 0$$

解得 $u = -1$ V。

7. 如图 6-7 所示,求电路中电流源发出的功率 P。

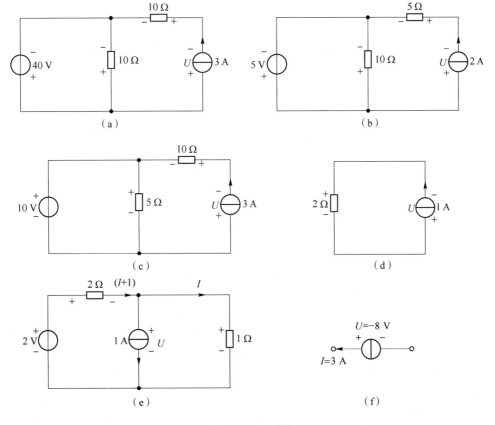

图 6-7 题 7 图

解:计算功率时,一定要看 u 与 i 是否关联方向,选用相应的计算公式。不论用哪个公式,都是按吸收功率为定义来计算的,即算出的 $P>0$ 时,该元件是吸收功率,若 $P<0$,则该元件是吸收负功率,实则为产生功率。

(1)参考电流、参考电压按照如图6-7(a)所示标识,先解出电路中任意两点的电压 U,40 V电压源和10 Ω电阻并联,电压相等,则

$$U = 40 - 10 \times 3 = 10(\text{V})$$

图6-7(a)中电流源为关联参考方向,则 $P = UI = 10 \times 3 = 30(\text{W})$。

电流源发出-30 W 的功率。

(2)参考电流、参考电压按照如图6-7(b)所示标识,先解出电路中任意两点的电压 U,5 V 电压源和10 Ω电阻并联,电压相等,则

$$U = 5 - 5 \times 2 = -5(\text{V})$$

图6-7(b)中电流源为关联参考方向,则 $P = UI = (-5) \times 2 = -10(\text{W})$。

电流源发出 10 W 的功率。

(3)参考电流、参考电压按照如图6-7(c)所示标识,先解出电路中任意两点的电压 U,10 V 电压源和5 Ω电阻并联,电压相等,则

$$U = -10 - 10 \times 3 = -40(\text{V})$$

图6-7(c)中电流源为关联参考方向,则 $P = UI = (-40) \times 3 = -120(\text{W})$

电流源发出 120 W 的功率。

(4)参考电流、参考电压按照如图6-7(d)所示标识,先解出电路中任意两点的电压 U,

$$U = -2 \times 1 = -2(\text{V})$$

图6-7(d)中电流源为关联参考方向,则 $P = UI = (-2) \times 1 = -2(\text{W})$。

电流源发出 2 W 的功率。

(5)参考电流、参考电压按照如图6-7(e)所示标识,列写基尔霍夫电压方程

$$2 \times (I + 1) + 1 \times I - 2 = 0$$

解得 $I = 0$ A。

求得电流源上的电压为 $U = 0$ V

图6-7(e)中电流源为关联参考方向,则 $P = 0$ W。

电流源发出 0 W 的功率。

(6)电流源为非关联参考方向,则 $P = -UI = -(-8) \times 3 = 24(\text{W})$

电流源发出-24 W 的功率。

8. 如图6-8所示,计算受控源的功率,并说明是吸收功率还是发出功率。

解:(1)图6-8(a)电路中的元件都按关联参考方向标识,列写右边网孔的基尔霍夫电压方程

$$10i_1 + 4i_2 - 2i_1 = 0$$

联立基尔霍夫电流方程 $i_1 + i_2 - 3 = 0$

解得 $i_1 = -3$ A , $i_2 = 6$ A。

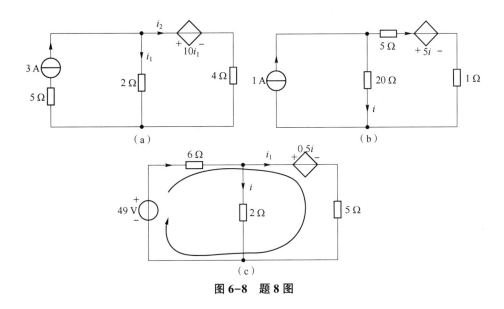

图 6-8　题 8 图

受控源的功率为

$$P = 10i_1i_2 = 10 \times (-3) \times 6 = -180(\text{W}) \quad (\text{发出功率})$$

（2）根据基尔霍夫电流定律，按照图 6-8(b)所示的参考电流方向，我们可以求得流过 5 Ω 电阻的电流为（$1 - i$）A，电路中的元件都按关联参考方向标识，列写右边网孔的基尔霍夫电压方程

$$5 \times (1 - i) + 5i + 1 \times (1 - i) - 20i = 0$$

解得 $i = \dfrac{2}{7}$ A。

受控源的功率为

$$P = 5i \times (1 - i) = \frac{50}{49}\text{W} \quad (\text{吸收功率})$$

（3）假设支路电流 i_1 的参考方向如图 6-8(c)所示，根据基尔霍夫电流定律求出 6 Ω 电阻的电流为 $(i + i_1)$ A，图 6-8(c)中的元件都按照关联参考方向标识，列写回路的基尔霍夫电压方程

$$6(i + i_1) + 0.5i + 5i_1 - 49 = 0$$

列写右边网孔的基尔霍夫电压方程

$$0.5i + 5i_1 - 2i = 0$$

联立方程求解，得 $i_1 = 1.5$ A，$i = 5$ A。

受控源的功率为

$$P = 0.5ii_1 = 0.5 \times 5 \times 1.5 = 3.75(\text{W}) \quad (\text{吸收功率})$$

9. 如图 6-9 所示，分别计算 S 打开与闭合时 A、B 两点的电位。

解：（1）画出 S 打开的原电路，如图 6-10(a)所示。

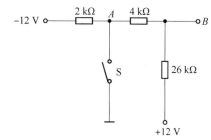

图 6-9　题 9 图

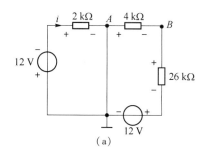

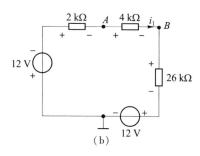

图 6-10

根据基尔霍夫电压定律,列出

$$(2 + 4 + 26) \times 10^3 i + 12 + 12 = 0$$

解得 $i = -\dfrac{3}{4}$ mA。

求出 A、B 两点的电位

$$V_A = -2 \times 10^3 \times \left(-\frac{3}{4} \times 10^{-3}\right) - 12 = -10.5(\text{V})$$

或者 $V_A = (4 + 26) \times 10^3 \times \left(-\dfrac{3}{4}\right) \times 10^{-3} + 12 = -10.5(\text{V})$

$$V_B = 26 \times 10^3 \times \left(-\frac{3}{4} \times 10^{-3}\right) + 12 = -7.5(\text{V})$$

或者 $V_B = -(2 + 4) \times 10^3 \times \left(-\dfrac{3}{4}\right) \times 10^{-3} - 12 = -7.5(\text{V})$

（2）画出 S 闭合的原电路,如图 6-10（b）所示。

求出 A 点的电位, $V_A = 0$ V。

列出右边网孔的基尔霍夫电压方程

$$(4 + 26) \times 10^3 i_1 + 12 = 0$$

解得 $i_1 = -0.4$ mA。

求出 B 点的电位 $V_B = 26 \times 10^3 \times (-0.4 \times 10^{-3}) + 12 = 1.6(\text{V})$

或者 $V_B = -4 \times 10^3 \times (-0.4) \times 10^3 = 1.6(\text{V})$

第七章

电阻电路分析

一、填空题

1. 当复杂电路的支路数较多、回路数较少时,应用回路电流法可以适当减少方程式数目。这种解题方法中,是以假想的回路电流为未知量,直接应用 KVL 定律求解电路的方法。

2. 当复杂电路的支路数较多、网孔数较少时,应用网孔电流法可以适当减少方程式数目。这种解题方法中,是以假想的网孔电流为未知量,直接应用 KVL 定律求解电路的方法。

3. 在多个电源共同作用的线性电路中,任一支路的响应均可看成是由各个激励单独作用下在该支路上所产生的响应的叠加,称为叠加定理。

4. 具有两个引出端钮的电路称为二端网络,其内部含有电源的称为有源二端网络,内部不包含电源的称为无源二端网络。

5. "等效"是指对端口处等效以外的电路作用效果相同。戴维南等效电路是指一个电阻和一个电压源的串联组合,其中电阻等于原有源二端网络除源后的入端电阻,电压源等于原有源二端网络的开路电压。

6. 为了减少方程式数目,在电路分析方法中我们引入了回路(网孔)电流法、结点电压法;叠加定理只适用线性电路的分析。

7. 在进行戴维南定理化简电路的过程中,如果出现受控源,应注意除源后的二端网络等效化简的过程中,受控电压源应短路处理;受控电流源应开路处理。在对有源二端网络求解开路电压的过程中,受控源处理应与独立源的分析方法相同。

8. 直流电桥的平衡条件是对臂电阻的乘积相等;负载上获得最大功率的条件是电源内阻等于负载电阻,获得的最大功率 $P_{Lmax} = \dfrac{U_{oc}^2}{4R_0}$。

9. 如果受控源所在电路没有独立源存在时,它仅仅是一个无源元件,而当它的控制量不为零时,它相当于一个电源。在含有受控源的电路分析中,特别要注意:不能随意把控制量的支路消除掉。

二、计算题

1. 电路如图 7-1 所示,求 a,b 之间的等效电阻。

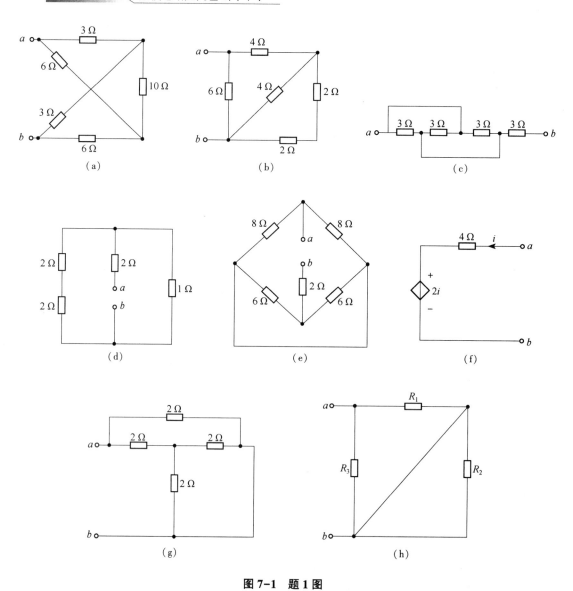

图 7-1 题 1 图

解：(1) 图 7-1(a) 化为如图 7-2 所示的电路后，根据平衡电桥的性质，10 Ω 电阻上的电流为零。

$$R_{ab} = \frac{(3+3) \times (6+6)}{(3+3) + (6+6)} = \frac{6 \times 12}{6 + 12} = 4(\Omega)$$

图 7-2

（2）图 7-1（b）等效电阻为 $R_{ab} = \dfrac{6 \times \left[4 + \dfrac{4 \times (2+2)}{4 + (2+2)} \right]}{6 + \left[4 + \dfrac{4 \times (2+2)}{4 + (2+2)} \right]} = 3(\Omega)$

（3）图 7-1（c）中 ab 如果这两点间没有电阻（也就是两点间只有一根导线，电流表有时也行）就是等电位点。将图 7-1（c）所示电路图整理得 3 个电阻并联，如图 7-3 所示。

$$R_{ab} = \dfrac{1}{\dfrac{1}{3} + \dfrac{1}{3} + \dfrac{1}{3}} + 3 = 4(\Omega)$$

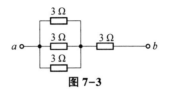

图 7-3

（4）注意电阻的单位为西门子，根据 $R = \dfrac{1}{G}$ 进行计算图 7-1（d）中 R_{ab}，则

$$R_{ab} = 2 + \dfrac{1 \times \left(\dfrac{1}{2} + \dfrac{1}{2} \right)}{1 + \left(\dfrac{1}{2} + \dfrac{1}{2} \right)} = 2.5(\Omega)$$

（5）根据等电位点，将图 7-1（e）电路图重画，如图 7-4 所示。

$$R_{ab} = \dfrac{8 \times 8}{8 + 8} + \dfrac{6 \times 6}{6 + 6} + 2 = 9(\Omega)$$

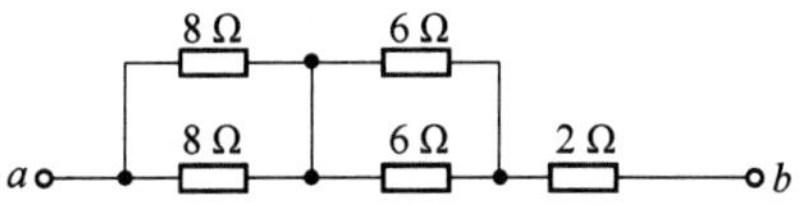

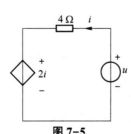

图 7-4

（6）图 7-1（f）中含受控源求解等效电阻，采用外加电源法，如图 7-5 所示。

$u = 4i + 2i$，求得

$$R_{ab} = \dfrac{u}{i} = 6\ \Omega$$

图 7-5

（7）图 7-1(g) 等效电阻为 $R_{ab} = \dfrac{2 \times \left(2 + \dfrac{2 \times 2}{2 + 2}\right)}{2 + \left(2 + \dfrac{2 \times 2}{2 + 2}\right)} = 1.2(\Omega)$

（8）将图 7-1(h) 中电阻 R_2 短路，则 $R_{ab} = \dfrac{R_1 R_3}{R_1 + R_3}$。

2. 如图 7-6 所示，写出单口网络的电压电流关系，画出等效电路。

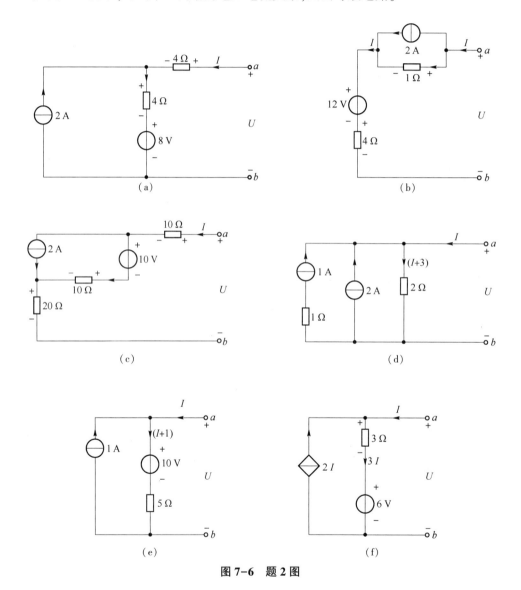

图 7-6　题 2 图

解:（1）电压、电流的参考方向如图 7-6(a) 所示，根据基尔霍夫电流定律可知，4 Ω 电阻的电流为 $(2 + I)$ A，列写端口处的基尔霍夫电压方程

$$U = 4I + 4(2 + I) + 8$$

整理得

$U = 8I + 16$ 或者 $I = \dfrac{U}{8} - 2$。

画出其等效电路图,如图 7-7 所示

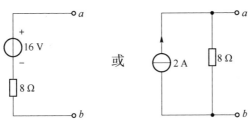

图 7-7 等效电路图

(2)电压、电流的参考方向如图 7-6(b)所示,根据基尔霍夫电流定律可知,1 Ω 电阻的电流为 $(I - 2)$ A,列写端口处的基尔霍夫电压方程

$$U = 1(I - 2) + 12 + 4I = 5I + 10$$

整理得 $I = \dfrac{U}{5} - 2$。

画出其等效电路图,如图 7-8 所示。

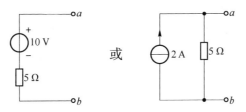

图 7-8 等效电路图

(3)电压、电流的参考方向如图 7-6(c)所示,根据基尔霍夫电流定律可知,10 Ω 电阻的电流为 $(I - 2)$ A,列写端口处的基尔霍夫电压方程

$$U = 10I + 10 + 10(I - 2) + 20I$$

整理得 $U = 40I - 10$ 或者 $I = \dfrac{U}{40} + \dfrac{1}{4}$。

画出其等效电路图,如图 7-9 所示。

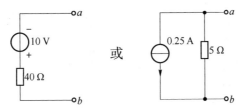

图 7-9 等效电路图

（4）电压、电流的参考方向如图7-6（d）所示，根据基尔霍夫电流定律可知，2 Ω 电阻的电流为 $(I+3)$ A，列写端口处的基尔霍夫电压方程

$$U = 2(I + 3)$$

整理得 $U = 2I + 6$ 或者 $I = \dfrac{U}{2} - 3$。

画出其等效电路图，如图7-10所示。

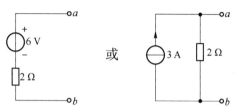

图7-10　等效电路图

（5）电压、电流的参考方向如图7-6（e）所示，根据基尔霍夫电流定律可知，5 Ω 电阻的电流为 $(I+1)$ A，列写端口处的基尔霍夫电压方程

$$U = 10 + 5(I + 1)$$

整理得 $U = 5I + 15$ 或者 $I = \dfrac{U}{5} - 3$。

画出其等效电路图，如图7-11所示。

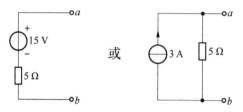

图7-11　等效电路图

（6）电压、电流的参考方向如图7-6（f）所示，根据基尔霍夫电流定律可知，3 Ω 电阻的电流为 $3I$，列写端口处的基尔霍夫电压方程

$$U = 3 \times 3I + 6$$

整理得 $U = 9I + 6$ 或者 $I = \dfrac{U}{9} - \dfrac{2}{3}$。

画出其等效电路图，如图7-12所示。

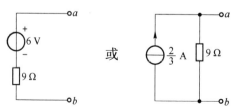

图7-12　等效电路图

3. 如图 7-13 所示,求电路中的各电压和电流。

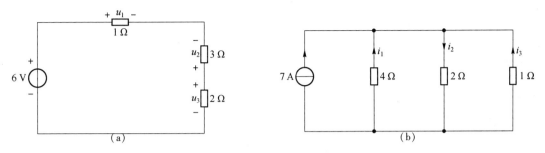

图 7-13 题 3 图

解:(1)如图 7-13(a)所示,利用分压公式直接求解,需要注意参考极性

$$u_1 = 6 \times \frac{1}{1+3+2} = 1(V)$$

$$u_2 = -6 \times \frac{3}{1+3+2} = -3(V)$$

$$u_3 = 6 \times \frac{2}{1+3+2} = 2(V)$$

(2)如图 7-13(b)所示,利用分流公式直接求解,需要注意参考方向

$$i_1 = -7 \times \frac{\dfrac{1}{4}}{\dfrac{1}{4}+\dfrac{1}{2}+\dfrac{1}{1}} = -1(A)$$

$$i_2 = 7 \times \frac{\dfrac{1}{2}}{\dfrac{1}{4}+\dfrac{1}{2}+\dfrac{1}{1}} = 2(A)$$

$$i_3 = -7 \times \frac{\dfrac{1}{1}}{\dfrac{1}{4}+\dfrac{1}{2}+\dfrac{1}{1}} = -4(A)$$

4. 如图 7-14 所示,用网孔分析法求电路网孔电流 I_1、I_2,4 Ω 电阻的功率。

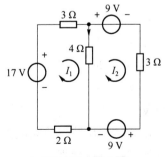

图 7-14 题 4 图

解：此题只含独立电压源，可以根据两个网孔的一般形式，用观察法进行求解

$$\begin{cases} (3 + 4 + 2)I_1 - 4I_2 = 17 \\ - 4I_1 + (4 + 3)I_2 = - 9 - 9 \end{cases}$$

整理得 $\begin{cases} 9I_1 - 4I_2 = 17 \\ - 4I_1 + 7I_2 = - 18 \end{cases}$

解得 $I_1 = 1\ \text{A}$, $I_2 = - 2\ \text{A}$。

4 Ω 电阻的功率为 $P = (I_2 - I_1)^2 \times 4 = 36(\text{W})$。

5. 如图 7-15 所示，用网孔分析法计算电路中的网孔电流 i_1 和 i_2。

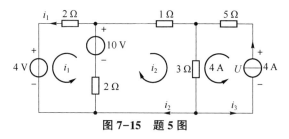

图 7-15　题 5 图

解：(1)由于处于外网孔支路上的 4 A 电流源可以确定一个网孔电流，即 $i_3 = 4\ \text{A}$ ，可以根据三个网孔的一般形式，用观察法进行求解：

$$\begin{cases} (2 + 2)i_1 + 2i_2 = 10 - 4 \\ 2i_1 + (1 + 3 + 2)i_2 + 3i_3 = 10 \\ i_3 = 4 \end{cases}$$

整理得

$$\begin{cases} 4i_1 + 2i_2 = 6 \\ 2i_1 + 6i_2 + 3i_3 = 10 \\ i_3 = 4 \end{cases}$$

解得 $i_1 = 2\ \text{A}$, $i_2 = - 1\ \text{A}$。

(2)假如要列出 4 A 所在网孔的方程，还必须考虑电流源的电压。

$$\begin{cases} (2 + 2)i_1 + 2i_2 = 10 - 4 \\ 2i_1 + (1 + 3 + 2)i_2 + 3i_3 = 10 \\ 3i_2 + (3 + 5)i_3 = U \end{cases}$$

补充方程 $i_3 = 4\ \text{A}$ ，代入以上方程整理得

$$\begin{cases} 4i_1 + 2i_2 = 6 \\ 2i_1 + 6i_2 + 12 = 10 \\ 3i_2 + 32 = U \end{cases}$$

解得 $i_1 = 2\ \text{A}$, $i_2 = - 1\ \text{A}$, $U = 29\ \text{V}$。

(3)考虑用等效的方法进行计算，首先，凡是与独立电流源相串联的元件为多余原件，可以将图 7-15 进行等效，如图 7-16 所示。再根据独立电流源与电阻并联的电路，可以等效为

电压源与电阻串联的电路。

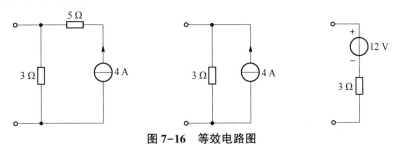

图 7-16 等效电路图

将电路图进行整理,如图 7-17 所示。

$$\begin{cases} 4i_1 + 2i_2 = 6 \\ 2i_1 + 6i_2 = -12 + 10 \end{cases}$$

解得 $i_1 = 2$ A,$i_2 = -1$ A。

6. 如图 7-18 所示,用网孔分析法求电路中网孔电流 I_1、I_2。

解: 用观察电路图的方法列出网孔方程

$$\begin{cases} (1 + 2 + 1)I_1 - 2I_2 = 4 + 2u_1 \\ -2I_1 + (4 + 3 + 2 + 2)I_2 = 10 - 4 \end{cases}$$

补充方程 $u_1 = -2I_2$,代入以上方程整理得

$$\begin{cases} 2I_1 + I_2 = 2 \\ -2I_1 + 11I_2 = 6 \end{cases}$$

解得 $I_1 = \dfrac{2}{3}$ A,$I_2 = \dfrac{2}{3}$ A,$u_1 = -\dfrac{4}{3}$ V。

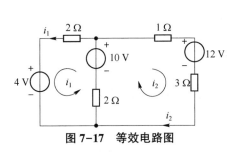

图 7-17 等效电路图

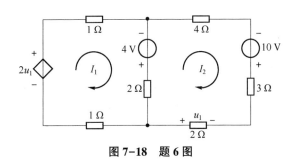

图 7-18 题 6 图

7. 如图 7-19 所示,用网孔分析法求电路中网孔电流。

解: 用观察电路图的方法列出网孔方程

$$\begin{cases} (1 + 1)i_1 - i_2 - i_3 = 2 \\ i_2 = u \\ -i_1 - i_2 + (1 + 1 + 1)i_3 = 0 \end{cases}$$

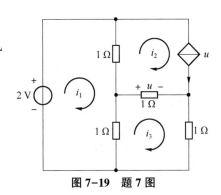

图 7-19 题 7 图

补充方程：$u = 1 \times (i_3 - i_2)$，代入以上方程整理得

$$\begin{cases} 2i_1 - i_2 - i_3 = 2 \\ 2i_2 - i_3 = 0 \\ -i_1 - i_2 + 3i_3 = 0 \end{cases}$$

解得 $i_1 = \dfrac{10}{7}$A，$i_2 = \dfrac{2}{7}$A，$i_3 = \dfrac{4}{7}$A，$u = \dfrac{2}{7}$V。

8. 如图 7-20 所示，用结点分析法求电路中结点电压。

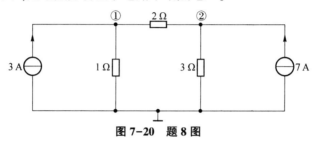

图 7-20　题 8 图

解：用观察电路图的方法列出结点方程

$$\begin{cases} \left(\dfrac{1}{1} + \dfrac{1}{2}\right)u_1 - \dfrac{1}{2}u_2 = 3 \\ -\dfrac{1}{2}u_1 + \left(\dfrac{1}{2} + \dfrac{1}{3}\right)u_2 = 7 \end{cases}$$

整理后得

$$\begin{cases} \dfrac{3}{2}u_1 - \dfrac{1}{2}u_2 = 3 \\ -\dfrac{1}{2}u_1 + \dfrac{5}{6}u_2 = 7 \end{cases}$$

解得 $u_1 = 6$ V，$u_2 = 12$ V。

9. 如图 7-21 所示，列出电路的结点电压方程。

解：将独立电压源与电阻串联的电路，等效为独立电流源与电阻并联的电路，如图 7-22 所示。

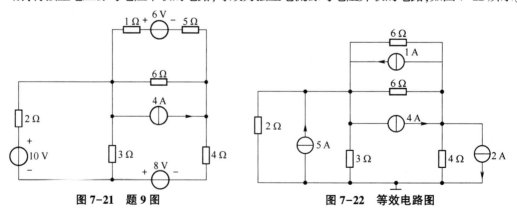

图 7-21　题 9 图　　　　　　　　图 7-22　等效电路图

用观察电路图的方法列出结点方程

$$\begin{cases} \left(\dfrac{1}{2}+\dfrac{1}{3}+\dfrac{1}{6}+\dfrac{1}{6}\right)u_1-\left(\dfrac{1}{6}+\dfrac{1}{6}\right)u_2=5-4+1 \\ -\left(\dfrac{1}{6}+\dfrac{1}{6}\right)u_1+\left(\dfrac{1}{6}+\dfrac{1}{6}+\dfrac{1}{4}\right)u_2=4-1-2 \end{cases}$$

整理后得到

$$\begin{cases} \dfrac{7}{6}u_1-\dfrac{1}{3}u_2=2 \\ -\dfrac{1}{3}u_1+\dfrac{7}{12}u_2=1 \end{cases}$$

解得 $u_1=\dfrac{108}{41}$ V，$u_2=\dfrac{132}{41}$ V。

10. 如图 7-23 所示，用结点分析法求电路的电压 u_1 和 u_2，电流 I。

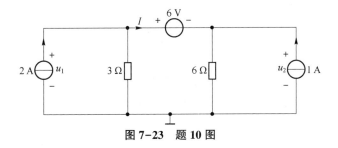

图 7-23　题 10 图

解：用观察电路图的方法列出结点方程

$$\begin{cases} \dfrac{1}{3}u_1=2-I \\ \dfrac{1}{6}u_2=1+I \end{cases}$$

电压源上的电流不可忽略，列写补充方程 $u_1-u_2=6$。

解得 $u_1=8$ V，$u_2=2$ V，$I=-\dfrac{2}{3}$ A。

11. 如图 7-24 所示，求电路中电压 u 及电流 i。

解：将电压源与电阻并联的电路，等效为电流源与电阻串联的电路，如图 7-25 所示。

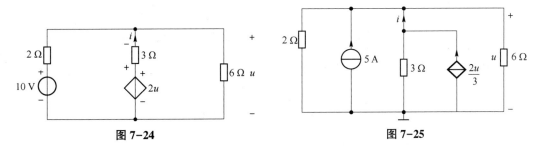

图 7-24　　　　　　　　　　　　　　　　**图 7-25**

解： 用观察电路图的方法列出结点方程：

$$\left(\frac{1}{2} + \frac{1}{3} + \frac{1}{6}\right)u = 5 + \frac{2}{3}u$$

整理得 $u = 15$ V。

电路中的电压 $u = -3i + 2u$，解得 $i = 5$ A。

12. 如图 7-26 所示，列出电路中各结点的结点电流方程。

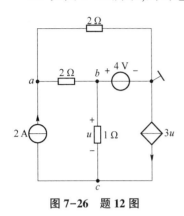

图 7-26 题 12 图

解： 用观察电路图的方法列出结点方程：

$$\begin{cases} \left(\frac{1}{2} + \frac{1}{2}\right)u_a - \frac{1}{2}u_b = 2 \\ u_b = 4 \\ -\frac{1}{1}u_b + \frac{1}{1}u_c = 3u - 2 \end{cases}$$

补充方程 $u = u_b - u_c$，代入以上方程整理得

$$\begin{cases} u_a - 0.5u_b = 2 \\ u_b = 4 \\ u_b - u_c = 0.5 \end{cases}$$

解得 $u_a = 4$ V，$u_b = 4$ V，$u_c = 3.5$ V。

13. 如图 7-27 所示，列出电路中各结点的结点电流方程及必要的补充方程（不必求解）。

解： 等效电路图如图 7-28 所示。

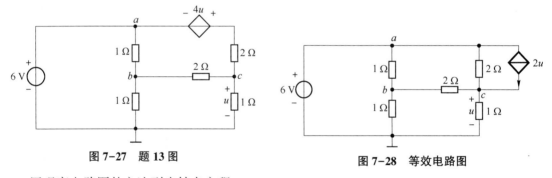

图 7-27 题 13 图

图 7-28 等效电路图

用观察电路图的方法列出结点方程：

$$\begin{cases} u_a = 6 \\ -\frac{1}{1}u_a + \left(\frac{1}{1} + \frac{1}{1} + \frac{1}{2}\right)u_b - \frac{1}{2}u_c = 0 \\ -\frac{1}{2}u_a - \frac{1}{2}u_b + \left(\frac{1}{2} + \frac{1}{2} + \frac{1}{1}\right)u_c = 2u \end{cases}$$

补充方程 $u_c = u$，代入以上方程整理得

$$\begin{cases} u_a = 6 \\ -u_a + 2.5u_b - 0.5u_c = 0 \\ u_a + u_b = 0 \end{cases}$$

解得 $u_a = 6\ \text{V}$，$u_b = -6\ \text{V}$，$u_c = -42\ \text{V}$。

14. 如图 7-29 所示，用回路分析法求电路中回路电流 i_1。

解：用观察电路图的方法列出方程：

$$(2 + 1 + 1)i_1 + 1 \times 2 - 1 \times 1 = 5$$

整理得 $4i_1 = 4$。

解得 $i_1 = 1\ \text{A}$。

15. 如图 7-30 所示，利用叠加定理求解电路中的电压 u_{ab}。

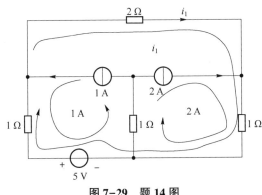

图 7-29　题 14 图

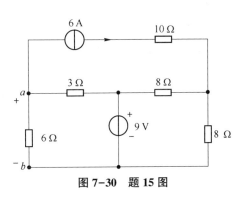

图 7-30　题 15 图

解：根据叠加定理，画出 9 V 电压源单独作用和 6 A 电流源单独作用的电路，如图 7-31 和图 7-32 所示。

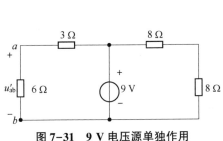

图 7-31　9 V 电压源单独作用

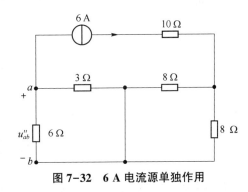

图 7-32　6 A 电流源单独作用

利用分压公式直接计算

$$u'_{ab} = \frac{6}{6 + 3} \times 9 = 6\ (\text{V})$$

$$u''_{ab} = -6 \times \frac{6 \times 3}{6 + 3} = -12\ (\text{V})$$

根据叠加定理，得

$$u_{ab} = u'_{ab} + u''_{ab} = 6 - 12 = -6\ (\text{V})$$

16. 如图 7-33 所示，利用叠加定理求解电路中的电流 I。

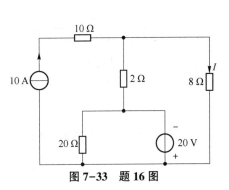

图 7-33　题 16 图

解：根据叠加定理，画出 20 V 电压源单独作用和 10 A 电流源单独作用的电路，如图 7-34 和图 7-35 所示。

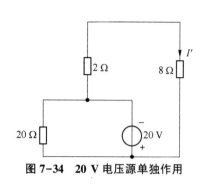 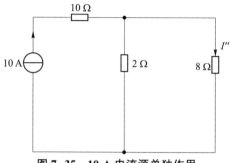

图 7-34 20 V 电压源单独作用　　　　　　图 7-35 10 A 电流源单独作用

$$I' = -\frac{20}{2+8} = -2\,(\text{A})$$

$$I'' = 10 \times \frac{\dfrac{1}{8}}{\dfrac{1}{2}+\dfrac{1}{8}} = 2\,(\text{A})$$

根据叠加定理，得

$$I = I' + I'' = 0\ \text{A}$$

17. 如图 7-36 所示，试用叠加定理求解电路中的电流 I。

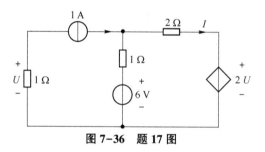

图 7-36 题 17 图

解：根据叠加定理，画出 6 V 电压源单独作用和 1 A 电流源单独作用的电路，如图 7-37 和图 7-38 所示。

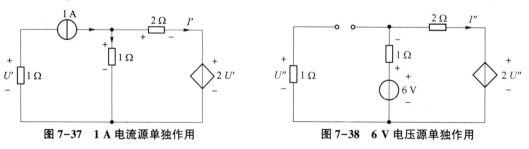

图 7-37 1 A 电流源单独作用　　　　　　图 7-38 6 V 电压源单独作用

根据电阻元件的伏安关系得
$$U' = -1 \times 1 = -1(V)$$
列写图 7-37 右边网孔的基尔霍夫电压方程
$$2I' + 2U' - 1 \times (1 - I') = 0$$
解得 $I' = 1$ A。
$$U'' = 0 \text{ V}$$
列写图 7-38 右边网孔的基尔霍夫电压方程
$$2I'' + 2U'' - 6 + 1 \times I'' = 0$$
解得 $I'' = 2$ A。

根据叠加定理,得
$$I = I' + I'' = 3 \text{ A}$$

18. 如图 7-39 所示,在电路中 R_L 可任意改变,问 R_L 为何值时其上可获得最大功率,并求该最大功率。

解:(1)求开路电压 U_{OC},如图 7-40 所示。
$$U_{OC} = 2 \times (-3) + 24 \times \frac{8}{8+8} = -6 + 12 = 6(V)$$

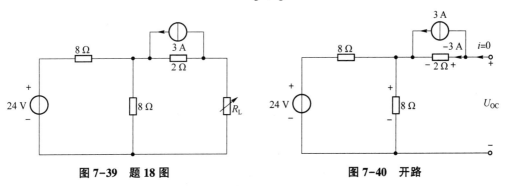

图 7-39　题 18 图　　　　图 7-40　开路

(2)求独立源置零后,电路两端的等效电阻 R_0,如图 7-41 所示。

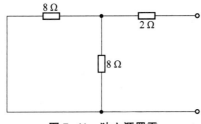

图 7-41　独立源置零

$$R_0 = \frac{8 \times 8}{8+8} + 2 = 6(\Omega)$$

当 $R_0 = 6\ \Omega$ 时,可获得最大功率 $P_{Lmax} = \frac{U_{OC}^2}{4R_0} = \frac{6^2}{4 \times 6} = 1.5(W)$

19. 如图 7-42 所示,在电路中 R_L 可任意改变,问 R_L 为何值时其上可获得最大功率,并求该最大功率。

解：(1)求开路电压 U_{oC} ,如图 7-43 所示。

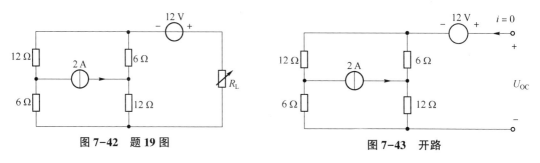

图 7-42　题 19 图　　　　　　图 7-43　开路

采用叠加定理,画出 12 V 独立电压源单独作用和 2 A 独立电流源单独作用的电路,如图 7-44 和图 7-45 所示。

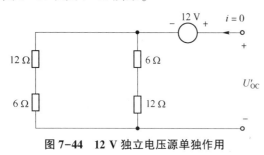

图 7-44　12 V 独立电压源单独作用　　　图 7-45　2 A 独立电流源单独作用

$$U'_{oC} = 12 \text{ V}$$

列写基尔霍夫电压方程：

$$6i_1 + 12 \times (i_1 + 2) - 6(-i_1 - 2) - 12(-i_1) = 0$$

解得 $i_1 = -1$ A。

$$U''_{oC} = 6 \times (-1) + 12 \times (-1 + 2) = 6(\text{V})$$

根据叠加定理,得

$$U_{oC} = U'_{oC} + U''_{oC} = 12 + 6 = 18(\text{V})$$

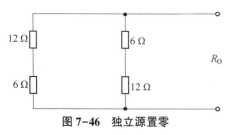

图 7-46　独立源置零

(2)求独立源置零后,电路两端的等效电阻 R_o,如图 7-46 所示。

$$R_o = \frac{(12 + 6) \times (12 + 6)}{(12 + 6) + (12 + 6)} = 9(\Omega)$$

当 $R_o = 9$ Ω 时,可获得最大功率 $P_{Lmax} = \frac{U_{oC}^2}{4R_o} =$

$$\frac{18^2}{4 \times 9} = 9(\text{W})$$

20. 如图 7-47 所示,计算电路中负载为何值时,它可获得最大功率,其最大功率是多少?

解： (1)求开路电压 U_{oC}，如图 7-48 所示。

列写 a 点的基尔霍夫电流方程，可知 $I = 3\ \text{A}$

$$U_{oC} = 3 \times (2I) + I = 7I = 21\ \text{V}$$

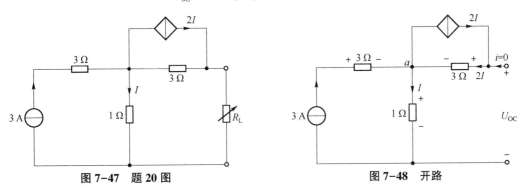

图 7-47 题 20 图　　　　　　图 7-48 开路

(2)求独立源置零后，用外加电源法求电路两端的等效电阻 R_0，如图 7-49 所示。

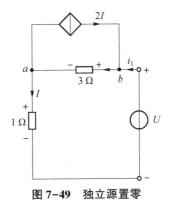

图 7-49 独立源置零

由图 7-49 可知，b 点流过 $3\ \Omega$ 的电流为 $(2I + i_1)$，列写 a 点的基尔霍夫电流方程

$$2I + i_1 - I - 2I = 0$$

整理得 $i_1 = I$。

根据基尔霍夫电压定理，得

$$U = 3 \times (2I + I) + I$$

$$R_0 = \frac{U}{I} = 10\ \Omega$$

当 $R_0 = 9\ \Omega$ 时，可获得最大功率 $P_{\text{Lmax}} = \dfrac{U_{OC}^2}{4R_0} = \dfrac{21^2}{4 \times 10} = 11.025(\text{W})$

第八章

动态电路的时域分析

一、填空题

1. 暂态是指从一种<u>稳态</u>过渡到另一种稳态所经历的过程。

2. 换路定律指出:在电路发生换路后的一瞬间,<u>电感</u>元件上通过的电流和<u>电容</u>元件上的端电压,都应保持换路前一瞬间的原有值不变。

3. 换路前,动态元件中已经储有原始能量。换路时,若外激励等于零,仅在动态元件<u>原始能量</u>作用下所引起的电路响应,称为零输入响应。

4. 只含有一个动态元件的电路可以用<u>一阶微分方程</u>进行描述,因而称作一阶电路。仅由外激励引起的电路响应称为一阶电路的<u>零状态响应</u>;只由元件本身的原始能量引起的响应称为一阶电路的<u>零输入响应</u>;既有外激励、又有元件原始能量的作用所引起的电路响应叫作一阶电路的<u>全响应</u>。

5. 一阶 RC 电路的时间常数 $\tau = \underline{RC}$;一阶 RL 电路的时间常数 $\tau = \dfrac{L}{R}$。时间常数 τ 的取值决定于电路的<u>结构和电路参数</u>。

6. 一阶电路全响应的三要素是指待求响应的<u>初始值</u>、<u>稳态值</u>和<u>时间常数</u>。

7. 在电路中,电源的突然接通或断开,电源瞬时值的突然跳变,某一元件的突然接入或被移去等,统称为<u>换路</u>。

8. 换路定律指出:一阶电路发生的换路时,状态变量不能发生跳变。该定律用公式可表示为<u>$U_C(0-) = U_C(0_+)$ 和 $i_L(0-) = i_L(0_+)$</u>。

9. 由时间常数公式可知,RC 一阶电路中,C 一定时,R 值越大过渡过程进行的时间就越<u>长</u>;RL 一阶电路中,L 一定时,R 值越大过渡过程进行的时间就越<u>短</u>。

10. 电感为 L 的电感元件,若端电流为 I,则电感元件中存储的磁场能量 $W_L = \underline{\dfrac{1}{2}LI^2}$。

二、计算题

1. 电路如图 8-1 所示,求电容电流 $i_C(t)$ 和电感电压 $u_L(t)$。

解:(1)图 8-1(a)中电容元件为非关联参考方向,求得 $i_C = -C\dfrac{\mathrm{d}u_C}{\mathrm{d}t} = -2\dfrac{\mathrm{d}}{\mathrm{d}t}(2\mathrm{e}^{-t}) = 4\mathrm{e}^{-t}\mathrm{A}$。

(2)图 8-1(b)中电阻元件为关联参考方向,求得电阻电流 $i_R = \dfrac{u_1(t)}{2} = 2e^{-2t}$ A。

电感元件为关联参考方向,$u_L(t) = L\dfrac{di_L}{dt} = 3\dfrac{d}{dt}(2e^{-2t}) = -12e^{-2t}$ V。

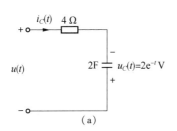 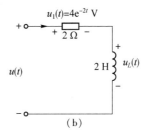

图 8-1　题 1 图

2. 已知 $C = 1$ F,无初始储能,通过电容的电流波形如图 8-2 所示。试求与电流参考方向关联的电容电压,并画出波形图。

解:无初始储能,$W_C(t) = \dfrac{1}{2}CU^2 = 0$ V ,$U_C(0) = 0$ V。

电容电压与电流参考方向为关联参考方向,$u_C(t) = \dfrac{1}{C}\displaystyle\int_{-\infty}^{t} i_C(\xi)d\xi = u_C(0) + \dfrac{1}{C}\displaystyle\int_{0}^{t} i_C(\xi)d\xi$

当 $0 \leqslant t \leqslant 1$ 时,$i_C(t) = 2$ A ,$u_C(t) = 0 + 1\displaystyle\int_{0}^{t} 2d\xi = 2t$

$$u_C(1) = 2 \times 1 = 2(\text{V})$$

当 $1 \leqslant t \leqslant 2$ 时,$i_C(t) = -2$ A ,$u_C(t) = 2 + 1\displaystyle\int_{1}^{t}(-2)d\xi = -2t + 4$

$$u_C(2) = 0 \text{ V}$$

当 $2 \leqslant t \leqslant 3$ 时,$i_C(t) = 2$ A ,$u_C(t) = 0 + 1\displaystyle\int_{2}^{t} 2d\xi = 2(t-2) = 2t - 4$

$$u_C(3) = 2 \text{ V}$$

电容电压波形如图 8-3 所示。

3. 已知 $L = 0.5$ H 上的电流波形如图 8-4 所示,试求与电流参考方向关联的电感电压,并画出波形图。

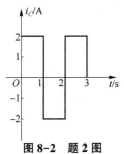 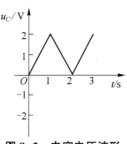 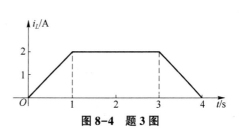

图 8-2　题 2 图　　　图 8-3　电容电压波形　　　图 8-4　题 3 图

解:电感电压与电流参考方向为关联参考方向,$u_L(t) = \dfrac{d\psi}{dt} = L\dfrac{di_L}{dt}$

当 $t < 0$ 时，$i_L(t) = 0$ A，$u_L(t) = L\dfrac{\mathrm{d}i_L}{\mathrm{d}t} = 0$ V；

当 $0 < t < 1$ 时，$i_L(t) = 2t$，$u_L(t) = L\dfrac{\mathrm{d}i_L}{\mathrm{d}t} = 0.5 \times 2 = 1$（V）；

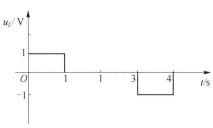

图 8-5　电感电压波形

当 $1 < t < 3$ 时，$i_L(t) = 2$，$u_L(t) = L\dfrac{\mathrm{d}i_L}{\mathrm{d}t} = 0$ V；

当 $3 < t < 4$ 时，$i_L(t) = -2t + 8$，$u_L(t) = L\dfrac{\mathrm{d}i_L}{\mathrm{d}t} = 0.5 \times (-2) = -1$（V）；

当 $t > 4$ 时，$i_L(t) = 0$，$u_L(t) = L\dfrac{\mathrm{d}i_L}{\mathrm{d}t} = 0$ V。

电感电压波形如图 8-5 所示。

4. 如图 8-6 所示，RLC 串联电路已知电容有初始储能，开关闭合后以 u_C 为变量的电路的方程为？

解：列写回路方程 $u_C + u_L + u_R = 0$，$u_C + L\dfrac{\mathrm{d}i}{\mathrm{d}t} + Ri = 0$

将 $i = C\dfrac{\mathrm{d}u_C}{\mathrm{d}t}$ 代入整理，$u_C + LC\dfrac{\mathrm{d}^2 u_C}{\mathrm{d}t^2} + RC\dfrac{\mathrm{d}u_C}{\mathrm{d}t} = 0$

开关闭合后以 u_C 为变量的电路的方程为

$$\dfrac{\mathrm{d}^2 u_C}{\mathrm{d}t^2} + \dfrac{R}{L}\dfrac{\mathrm{d}u_C}{\mathrm{d}t} + \dfrac{1}{LC}u_C = 0$$

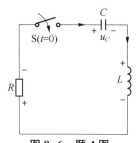

图 8-6　题 4 图

5. 如图 8-7 所示，当 $t<0$ 时电路已达稳定，当 $t=0$ 时开关 S 闭合，求 $i_L(0_+)$、$u_L(0_+)$。

解：（1）画出 $t=0_-$ 的等效电路，L 短路，如图 8-8 所示。

$$i_L(0_-) = \dfrac{12}{4 + 8} = 1（A）$$

（2）根据连续性，$i_L(0_-) = 1$ A $= i_L(0_+)$

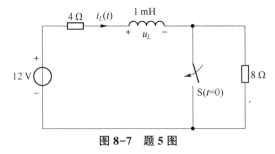

图 8-7　题 5 图

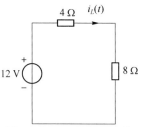

图 8-8　$t=0_-$ 的等效电路

（3）将 L 用 1 A 电流源替换，画出 $t = 0_+$ 的等效电路，如图 8-9 所示。

$$u_L(0_+) = -4 + 12 = 8（V）$$

6. 电路如图 8-10 所示，开关 S 在 $t=0$ 时闭合，则 $i_L(0_+)$、$u_L(0_+)$ 为多大？

解：（1）$t = 0_-$ 的等效电路，L 短路，$i_L(0_-) = 0$ A。

（2）根据连续性，$i_L(0_-) = 0\ \text{A} = i_L(0_+)$。

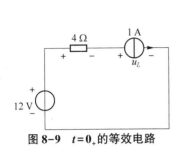

图 8-9　$t = 0_+$ 的等效电路

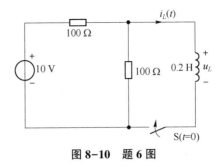

图 8-10　题 6 图

（3）将 L 用 1 A 电流源替换，画出 $t = 0_+$ 的等效电路，如图 8-11 所示。

$$u_L(0_+) = 10 \times \frac{100}{100 + 100} = 5\ (\text{V})$$

7. 如图 8-12 所示电路，当 $t<0$ 时电路已达稳定。当 $t=0$ 时开关 S 闭合，求 $i_C(0_+)$、$u_C(0_+)$。

解：（1）$t = 0_-$ 的等效电路，C 开路，如图 8-13 所示。

$$u_C(0_-) = 2\ \text{V}$$

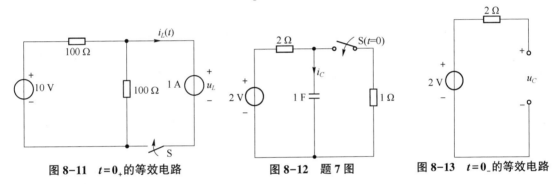

图 8-11　$t = 0_+$ 的等效电路　　　　图 8-12　题 7 图　　　　图 8-13　$t = 0_-$ 的等效电路

（2）根据连续性，$u_C(0_-) = 2\ \text{V} = u_C(0_+)$。

（3）电容短路，如图 8-14 所示，$2[i_C(0_+) + 2] + 2 - 2 = 0$，解得 $i_C(0_+) = -2\ \text{A}$。

8. 如图 8-15 所示电路，当 $t<0$ 时电路已达稳态，当 $t=0$ 时开关 S 闭合，求 $i_C(0_+)$。

解：当 $t<0$ 时电路已达稳态，C 开路，求出 $u_C(0_-) = 0\ \text{V}$。

根据连续性 $u_C(0_-) = 0\ \text{V} = u_C(0_+)$

当 $t = 0_+$ 时开关闭合，$i_C(0_+) = 1\ \text{A}$。

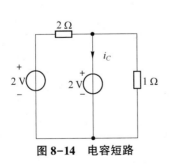

图 8-14　电容短路

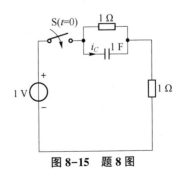

图 8-15　题 8 图

9. 如图 8-16 所示,电路换路前已达稳态,当 $t=0$ 时开关 S 断开,试求换路瞬间各支路电流及储能元件上的电压初始值。

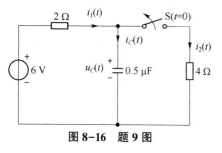

图 8-16　题 9 图

解:(1)电路换路前已达稳态,C 开路,如图 8-17 所示。

$$u_C(0_-) = 6 \times \frac{4}{4+2} = 4(\text{V})$$

(2)根据连续性,$u_C(0_-) = 4 \text{ V} = u_C(0_+)$。

(3)电容用 4 V 的电压源替换,画出开关 S 断开的等效电路,如图 8-18 所示。

$$i_1(t) = i_C(t) = 1 \text{ A} , \ i_2(t) = 0 \text{ A}$$

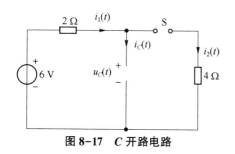

图 8-17　C 开路电路

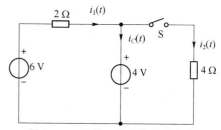

图 8-18　开关 S 断开的等效电路

10. 求如图 8-19 所示电路的时间常数 $\tau \left(\tau = RC = \dfrac{L}{R} \right)$。

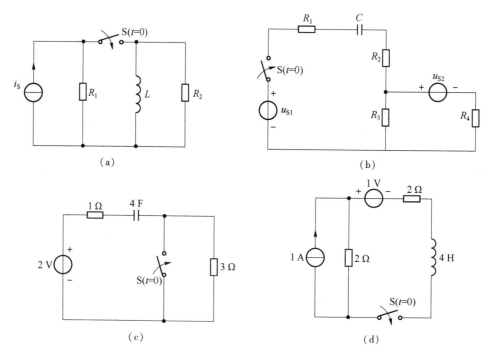

(a)

(b)

(c)

(d)

图 8-19　题 10 图

解:(1)图 8-19(a)电路图开关闭合,独立电流源开路,画出电感两端的等效电路,如图 8-20 所示。

$$\tau = \frac{L}{R} = \frac{L}{\dfrac{R_1 R_2}{R_1 + R_2}} = \frac{R_1 + R_2}{R_1 R_2} L$$

(2)图 8-19(b)电路图开关闭合,独立电压源短路,画出电容两端的等效电路,如图 8-21 所示。

$$\tau = RC = \left(R_1 + R_2 + \frac{R_3 R_4}{R_3 + R_4} \right) C$$

(3)图 8-19(c)电路图开关闭合,3 Ω 电阻短路,2 V 独立电压源短路,电容两端只有 1 Ω 的电阻

$$\tau = RC = 1 \times 4 = 4(\text{s})$$

(4)图 8-19(d)电路图开关闭合,独立电压源短路,独立电流源开路,画出电感两端的等效电路,如图 8-22 所示。

$$\tau = \frac{L}{R} = \frac{4}{2+2} = 1(\text{s})$$

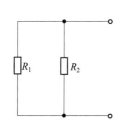

图 8-20　电感两端的等效电路

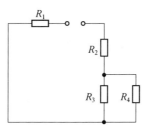

图 8-21　电容两端的等效电路

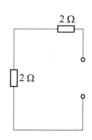

图 8-22　电感两端的等效电路

11. 如图 8-23 所示电路,当 $t<0$ 时已稳定,当 $t=0$ 时开关 S 闭合。求 $t\geqslant 0$ 时 $i_L(t)$。

解:(1)画出当 $t<0$ 时的电路,L 短路,如图 8-24 所示,求 $i_L(0_+)$。

$$i_L(0_-) = \frac{30}{20+10} = 1(\text{A})$$

根据连续性,$i_L(0_-) = 1 \text{ A} = i_L(0_+)$。

(2)画出当 $t>0$ 时的电路,L 短路,如图 8-25 所示,求 $i_L(\infty)$。

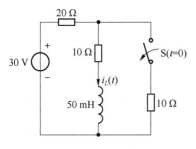

图 8-23　题 11 图

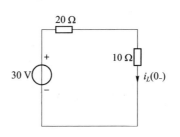

图 8-24　$t<0$ 时的电路

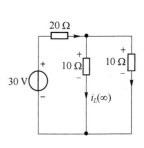

图 8-25　$t>0$ 时的电路

①采用直接法

图 8-25 中两个 10 Ω 电阻并联,电流相同,再根据基尔霍夫电流定理,流过 20 Ω 电阻的电流为 $2i_L(\infty)$,如图 8-26 所示,列写基尔霍夫电压方程

$$20 \times 2i_L(\infty) + 10i_L(\infty) - 30 = 0$$

求得 $i_L(\infty) = 0.6$ A。

②将 30 V 电压源和 20 Ω 电阻串联,等效为 1.5 A 电流源和 20 Ω 电阻的并联,如图 8-27 所示。

$$i_L(\infty) = 15 \times \frac{\dfrac{1}{10}}{\dfrac{1}{20} + \dfrac{1}{10} + \dfrac{1}{10}} = 0.6(\text{A})$$

（3）画出 $t>0$ 时的等效电路,除动态元件以外的部分做戴维南等效,如图 8-28 所示,求时间常数 τ。

$$R = 10 + \frac{20 \times 10}{20 + 10} = \frac{50}{3}(\Omega)$$

$$\tau = \frac{L}{R} = \frac{50 \times 10^{-3}}{\dfrac{50}{3}} = 3 \times 10^{-3} = 3(\text{ms})$$

$$i_L(t) = \left[i_L(0_+) - i_L(\infty)\right]e^{-\frac{t}{\tau}} + i_L(\infty) = (1 - 0.6)e^{-\frac{t}{3 \times 10^{-3}}} + 0.6 = (0.4e^{-\frac{t}{3}} + 0.6)\text{A}, (t \geqslant 0)$$

式中,t 的单位是 ms。

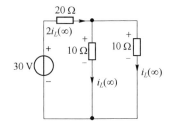

图 8-26　电路图

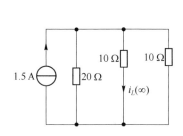

图 8-27　等效电路

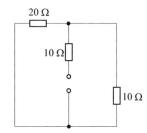

图 8-28　戴维南等效电路

12. 一阶电路如图 8-29 所示,当 $t=0$ 时开关断开,断开前电路为稳态,求 $t \geqslant 0$ 电感电流 $i_L(t)$。

解:（1）画出 $t<0$ 时的电路,L 短路,如图 8-30 所示,求 $i_L(0_+)$

$$i_L(0_-) = \frac{8}{2} = 4(\text{A})$$

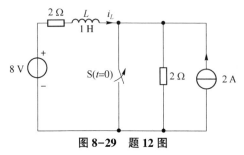

图 8-29　题 12 图

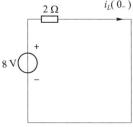

图 8-30　$t<0$ 时的电路

根据连续性 $i_L(0_-) = 4\ \mathrm{A} = i_L(0_+)$。

（2）画出 $t>0$ 时的电路，L 短路，如图 8-31 所示，求 $i_L(\infty)$。

①网孔分析法，如图 8-32 所示。

$$(2 + 2)i_L(\infty) + 2 \times 2 = 8$$

解得 $i_L(\infty) = 1\ \mathrm{A}$。

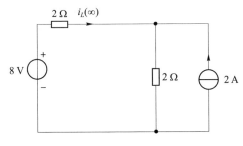

图 8-31　$t>0$ 时的电路

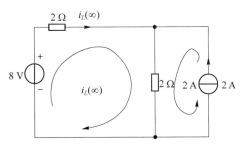

图 8-32　网孔分析法

②叠加定理。

8 V 电压源单独作用，如图 8-33 所示，求出 $i_L'(\infty) = \dfrac{8}{2+2} = 2(\mathrm{A})$。

2 A 电流源单独作用，如图 8-34 所示，用分流公式

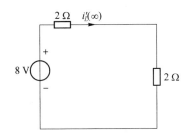

图 8-33　8 V 电压源单独作用

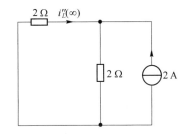

图 8-34　2 A 电流源单独作用

$$i_L''(\infty) = -2 \times \frac{\dfrac{1}{2}}{\dfrac{1}{2} + \dfrac{1}{2}} = -1(\mathrm{A})$$

$$i_L(\infty) = i_L'(\infty) + i_L''(\infty) = 2 - 1 = 1(\mathrm{A})$$

③直接法，如图 8-35 所示。

$$2i_L(\infty) + 2 \times [i_L(\infty) + 2] - 8 = 0$$

解得 $i_L(\infty) = 1\ \mathrm{A}$。

（3）画出 $t>0$ 时的等效电路，除动态元件以外的部分做戴维南等效，如图 8-36 所示，求时间常数。

$$R = 4\ \Omega$$

$$\tau = \frac{L}{R} = \frac{1}{4}\ \mathrm{s}$$

$$i_L(t) = \left[i_L(0_+) - i_L(\infty) \right] \mathrm{e}^{-\frac{t}{\tau}} + i_L(\infty) = (4-1)\mathrm{e}^{-4t} + 1 = (1 + 3\mathrm{e}^{-4t})\,\mathrm{A},\ (t \geqslant 0)$$

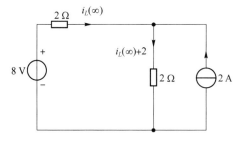

图 8-35　直接法

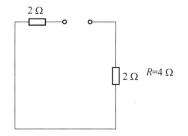

图 8-36　戴维南等效电路

13. 如图 8-37 所示电路中，当 $t<0$ 时已稳定；当 $t=0$ 时，将开关由 1 扳向 2，求 $t \geqslant 0$ 时的 $i_L(t)$。（三要素）

解：（1）画出 $t<0$ 时电感短路的等效电路，如图 8-38 所示，求 $i_L(0_+)$。

$$i_L(0_-) = 2\ \mathrm{A}$$

根据连续性，$i_L(0_+) = i_L(0_-) = 2\ \mathrm{A}$

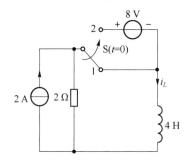

图 8-37　题 13 图

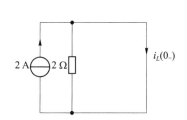

图 8-38　$t<0$ 时电感短路的等效电路

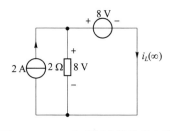

图 8-39　$t>0$ 电感短路的等效电路

（2）画出 $t>0$ 时电感短路的等效电路，如图 8-39 所示，求 $i_L(\infty)$。

2 Ω 电阻与 8 V 的独立电压源并联，求得 2 Ω 电阻上的电流为 4 A，根据基尔霍夫电流定理，知

$$i_L(\infty) = 2 - 4 = -2\,(\mathrm{A})$$

（3）画出 $t>0$ 时的等效电路，除电感以外的部分做戴维南等效，如图 8-39 所示，求出 $R = 2\ \Omega$，$\tau = \dfrac{L}{R} = \dfrac{4}{2} = 2\,(\mathrm{s})$

由三要素法得

$$i_L(t) = \left[i_L(0_+) - i_L(\infty) \right] \mathrm{e}^{-\frac{t}{\tau}} + i_L(\infty) = \left[2 - (-2) \right] \mathrm{e}^{-0.5t} + (-2) = (4\mathrm{e}^{-0.5t} - 2)\,\mathrm{A},\ (t \geqslant 0)$$

14. 如图 8-40 所示电路中，当 $t<0$ 时已稳定，当 $t=0$ 时将开关 S 闭合，求 $t \geqslant 0$ 时的 $u_C(t)$。（三要素）

解：（1）画出 $t<0$ 时的等效电路，C 开路，如图 8-41 所示，求 $u_C(0_+)$

$$u_C(0_-) = 100 \times 0.2 = 20\,(\mathrm{V})$$

根据连续性，$u_C(0_+) = u_C(0_-) = 20 \text{ V}$。

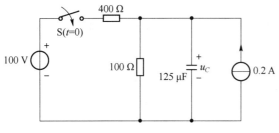

图 8-40　题 14 图

图 8-41　$t<0$ 时的等效电路

（2）画出 $t>0$ 时的等效电路，C 开路，如图 8-42 所示，求 $u_C(\infty)$。

①结点分析法

将 100 V 和 400 Ω 的串联等效为 0.25 A 和 400 Ω 的并联电路，如图 8-43 所示。

用结点分析法求解

$$\left(\frac{1}{400} + \frac{1}{100}\right) u_C(\infty) = 0.25 + 0.2$$

解得 $u_C(\infty) = 36 \text{ V}$。

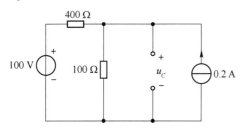

图 8-42　$t>0$ 时的等效电路

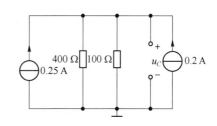

图 8-43　等效电路

②叠加定理，如图 8-44 所示。

100 V 电压源单独作用，0.2 A 独立电流源开路，如图 8-45 所示，利用分压公式进行计算

$$u_C'(\infty) = \frac{100}{100 + 400} \times 100 = 20(\text{V})$$

0.2 A 独立电流源单独作用，100 V 电压源短路，得

$$u_C''(\infty) = \frac{100 \times 400}{100 + 400} \times 0.2 = 16(\text{V})$$

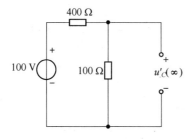

图 8-44　叠加定理

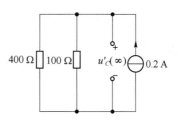

图 8-45　100 V 电压源单独作用

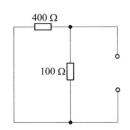

图 8-46　戴维南等效

根据叠加定理得

$$u_C(\infty) = u_C'(\infty) + u_C''(\infty) = 20 + 16 = 36(\text{V})$$

（3）画出 $t>0$ 时的等效电路，独立电压源短路，独立电流源开路，将除电容元件以外的部分做戴维南等效，如图 8-46 所示。

$$R = \frac{400 \times 100}{400 + 100} = 80(\Omega)$$

$$\tau = RC = 80 \times 125 \times 10^{-6} = 0.01(\text{s})$$

根据三要素法，

$$u_C(t) = [u_C(0_+) - u_C(\infty)]e^{-\frac{t}{\tau}} + u_C(\infty) = (20 - 36)e^{-100t} + 36 = 36 - 16e^{-100t}, t \geq 0$$

15. 一阶电路如图 8-47 所示，当 $t=0$ 时开关断开，断开前电路为稳态，求 $t \geq 0$ 时电容电压 $u_C(t)$。

解：（1）画出 $t<0$ 时的等效电路，C 开路，如图 8-48 所示，求 $u_C(0_+)$

$$u_C(0_-) = -2 \text{ V}$$

根据连续性，$u_C(0_+) = u_C(0_-) = -2 \text{ V}$。

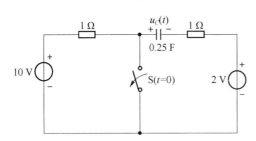

图 8-47　题 15 图　　　　　　　　　　图 8-48　$t<0$ 时的等效电路

（2）画出 $t>0$ 时的等效电路，C 开路，如图 8-49 所示，求 $u_C(\infty)$。

$$u_C(\infty) = 10 - 2 = 8(\text{V})$$

（3）画出 $t>0$ 时的等效电路，独立电压源短路，将除电容元件以外的部分做戴维南等效，如图 8-50 所示。

$$R = 2 \Omega$$

$$\tau = RC = 2 \times 0.25 = 0.5(\text{s})$$

根据三要素法得

$$u_C(t) = [u_C(0_+) - u_C(\infty)]e^{-\frac{t}{\tau}} + u_C(\infty) = [(-2) - 8]e^{-2t} + 8 = 8 - 10e^{-2t}, t \geq 0$$

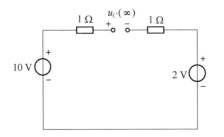

图 8-49　$t>0$ 时的等效电路

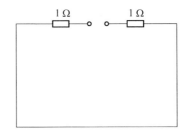

图 8-50　戴维南等效

16. 如图 8-51 所示,求电路中电容支路电流的全响应。

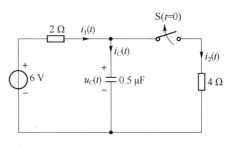

图 8-51　题 16 图

解:(1)求 $i_C(0_+)$。

电路换路前已达稳态,C 开路,如图 8-52 所示,

$$u_C(0_-) = 6 \times \frac{4}{4+2} = 4 \text{ (V)}$$

根据连续性得 $u_C(0_-) = 4 \text{ V} = u_C(0_+)$。

画出开关 S 断开的等效电路,电容用 4 V 的电压源替换,如图 8-53 所示。

$$i_C(0_+) = 1 \text{ A}$$

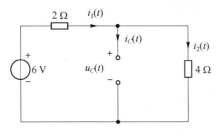

图 8-52　C 开路

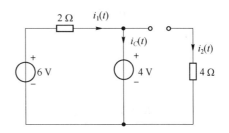

图 8-53　开关 S 断开的等效电路

(2)当 $t > 0$ 时,开关断开,电容开路,求得 $i_C(\infty) = 0 \text{ A}$。

(3)当 $t > 0$ 时,开关断开,将除电容以外的部分做戴维南等效

$$R = 2 \text{ }\Omega\text{ , } \tau = RC = 2 \times 0.5 \times 10^{-6} = 1(\mu s)$$

(4) $i_C(t) = [i_C(0_+) - i_C(\infty)]e^{-\frac{t}{\tau}} + i_C(\infty) = 1e^{-1 \times 10^6 t}, t > 0$

17. 一阶电路如图 8-54 所示,当 $t = 0$ 时开关闭合,闭合前电路为稳态,求 $t \geq 0$ 时电流 $i_L(t)$、$i_C(t)$、$i(t)$。

解:(1)画出闭合前电路,电容开路,电感短路,如图 8-55 所示。

求得 $i_L(0_-) = 0 \text{ A}$, $u_C(0_-) = 6 \text{ V}$。

根据连续性得 $i_L(0_+) = i_L(0_-) = 0 \text{ A}$, $u_C(0_+) = u_C(0_-) = 6 \text{ V}$。

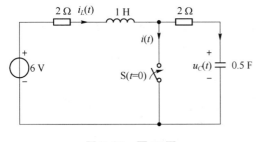

图 8-54　题 17 图

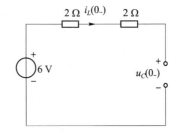

图 8-55　闭合前电路

(2)画出开关闭合后的等效电路,如图 8-56 所示。

开关闭合后,电感短路,电容开路,如图 8-57 所示,求出 $i_L(\infty)$、$u_C(\infty)$。

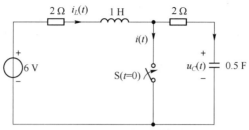

图 8-56　开关闭合后的等效电路

$$i_L(\infty) = \frac{6}{2} = 3(A)$$

开关闭合,独立电压源短路,如图 8-58 所示,除电感以外的部分,求出 $R_1 = 2\ \Omega$ 的时间常数。

$$\tau_1 = \frac{L}{R} = \frac{1}{2}\ \text{s}$$

$$u_C(\infty) = 0\ \text{V}$$

开关闭合,除电容以外的部分,求出 $R_2 = 2\ \Omega$ 时的时间常数。

$$\tau_2 = RC = 0.5 \times 2 = 1(\text{s})$$

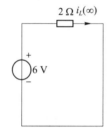

图 8-57　电感短路,电容开路

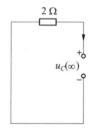

图 8-58　独立电压源短路

$(3)\ i_L(t) = \left[i_L(0_+) - i_L(\infty)\right]\mathrm{e}^{-\frac{t}{\tau}} + i_L(\infty) = (0 - 3)\mathrm{e}^{-2t} + 3 = 3 - 3\mathrm{e}^{-2t},\ t \geqslant 0$

$u_C(t) = \left[u_C(0_+) - u_C(\infty)\right]\mathrm{e}^{-\frac{t}{\tau}} + u_C(\infty) = (6 - 0)\mathrm{e}^{-t} + 0 = 6\mathrm{e}^{-t},\ t \geqslant 0$

根据基尔霍夫电流定理

$i(t) = i_L(t) - i_C(t) = i_L(t) - C\dfrac{\mathrm{d}u_C(t)}{\mathrm{d}t} = 3 - 3\mathrm{e}^{-2t} - 0.5(-6\mathrm{e}^{-t}) = 3 - 3\mathrm{e}^{-2t} + 3\mathrm{e}^{-t},\ t > 0$

第九章

正弦稳态电路的相量分析

一、填空题

1. 正弦交流电的三要素是指正弦量的最大值、角频率和初相。

2. 正弦量的有效值等于它的瞬时值的平方在一个周期内的平均值的开方，实际应用的电表交流指示值和我们实验的交流测量值，都是交流电的有效值。工程上所说的交流电压、交流电流的数值，通常也都是它们的有效值，此值与交流电最大值的数量关系为：最大值是有效值的 1.414 倍。

3. 两个同频率正弦量之间的相位之差称为相位差，不同频率的正弦量之间不存在相位差的概念。

4. 电阻元件上的电压、电流在相位上是同相关系；电感元件上的电压、电流相位存在正交关系，且电压超前电流；电容元件上的电压、电流相位存在正交关系，且电压滞后电流。

5. 同相的电压和电流构成的是有功功率，用 P 表示，单位为 W；正交的电压和电流构成无功功率，用 Q 表示，单位为 var。

6. 与正弦量具有一一对应关系的复数电压、复数电流称之为相量。最大值相量的模对应于正弦量的最大值，有效值相量的模对应正弦量的有效值，它们的幅角对应正弦量的初相。

7. 按照各个正弦量的大小和相位关系用初始位置的有向线段画出的若干个相量的图形，称为相量图。

8. 相量分析法，就是把正弦交流电路用相量模型来表示，其中正弦量用相量代替，R、L、C 电路参数用对应的复阻抗表示，则直流电阻性电路中所有的公式定律均适用于对相量模型的分析，只是计算形式以复数运算代替了代数运算。

9. 有效值相量图中，各相量的线段长度对应了正弦量的有效值，各相量与正向实轴之间的夹角对应正弦量的初相。相量图直观地反映了各正弦量之间的数量关系和相位关系。

10. 复功率的实部是有功功率，单位是瓦；复功率的虚部是无功功率，单位是乏尔；复功率的模对应正弦交流电路的视在功率，单位是伏安。

二、计算题

1. 试求下列各正弦量的周期、频率和初相，二者的相位差如何。

（1）$i(t) = 10\cos(100\pi t + 30°)$ A　　$u(t) = 10\sin(100\pi t - 15°)$ V

解：$u(t) = 10\sin(100\pi t - 15°)$ V $= 10\cos(100\pi t - 90° - 15°)$ V $= 10\cos(100\pi t - 105°)$ V

$\omega = 100\pi$　$\omega = 2\pi f$

解得 $f = 50$ Hz

$T = \dfrac{1}{f} = 0.02$ s

$\phi = 30° - (-105°) = 135°$

电流超前电压 $135°$

（2）$u_1(t) = 3\cos(314t + 30°)$ V

$u_2(t) = 8\cos(5t + 170°)$ V

解：$\omega_1 = 314 = 100\pi$　$\omega = 2\pi f$　解得 $f_1 = 50$ Hz

$T_1 = \dfrac{1}{f_1} = 0.02$ s

$\omega_2 = 5$　$f_2 = \dfrac{5}{2\pi} = 0.796$　$T_2 = \dfrac{1}{f_2} = 1.256$ s

同频正弦波相位差为初相的差值，此题不能进行比较。

（3）$i_1(t) = 100\cos(4t + 130°)$ mA　$i_2(t) = 10(\cos 4t + \sqrt{3}\sin 4t)$ mA

解：$i_2(t) = 10(\cos 4t + \sqrt{3}\sin 4t) = 20\left(\dfrac{1}{2}\cos 4t + \dfrac{\sqrt{3}}{2}\sin 4t\right) = 20\cos(4t - 60°)$

$\phi = 130° - (-60°) = 190° - 360° = -170°$

$i_1(t)$ 滞后 $i_2(t)$ $170°$。

2. 求下列极坐标的直角坐标形式。

（1）$\dfrac{(25\angle -45°)(2\angle 36.9°)}{(5 + j2) + (5 - j7)} = \dfrac{50\angle -8.1°}{10 - j5} = \dfrac{50\angle -8.1°}{11.18\angle -26.57°} = 4.47\angle 18.47°$

（2）$\dfrac{(3 + j4)(4 - j3)}{(-2 + j8)(8 + j6)} = \dfrac{12 - j9 + j16 + 12}{-16 - j12 + j64 - 48} = \dfrac{24 + j7}{-64 + j52} = \dfrac{25\angle 16.26°}{82.46\angle 140.9°}$

$= 0.303\angle -124.64°$

3. 写出下列正弦量的相量，试求 $i = i_1 + i_2 + i_3$ 及其有效值。

（1）$i_1(t) = 8\cos\left(\omega t - \dfrac{3}{4}\pi\right)$ A

（2）$i_2(t) = 5\sqrt{2}\cos\left(\omega t - \dfrac{\pi}{2}\right)$ A

（3）$i_3(t) = -6\cos\left(\omega t + \dfrac{\pi}{2}\right)$ A

$\dot{I} = \dot{I}_1 + \dot{I}_2 + \dot{I}_3 = \dfrac{8}{\sqrt{2}}\angle -\dfrac{3}{4}\pi + 5\angle -\dfrac{\pi}{2} + \dfrac{6}{\sqrt{2}}\angle -\dfrac{\pi}{2} = 5.657\angle -\dfrac{3}{4}\pi + 5\angle -\dfrac{\pi}{2} + 4.243\angle -\dfrac{\pi}{2}$

$= -4 - j4 - j5 - j4.243 = -4 - j13.243 = 13.834\angle -106.8°$ A

$i(t) = 13.834\sqrt{2}\cos(\omega t - 106.8°)$ A

有效值 $I = 13.834$。

4. 写出下列正弦量，试求 $u = u_1 + u_2 + u_3$ 及其有效值。

（1）$\dot{U}_1 = 3 - j4 \text{ V}$；（2）$\dot{U}_2 = -3 \angle 60° \text{V}$；（3）$\dot{U}_3 = 5(\cos 30° - j\sin 30°)\text{V}$。

$\dot{U}_2 = -3 \angle 60° = 3 \angle 60° - 180° = 3 \angle -120° = -1.5 - j2.598$

$\dot{U}_3 = 5(\cos 30° - j\sin 30°) = 5(0.866 - j0.5) = 4.33 - j2.5$

$\dot{U} = \dot{U}_1 + \dot{U}_2 + \dot{U}_3 = 3 - j4 - 1.5 - j2.598 + 4.33 - j2.5 = 5.83 - j9.098 = 10.8 \angle 57.35°$

$u(t) = 10.8\sqrt{2}\cos(\omega t + 57.35°)$

5. 如图 9-1 所示，正弦稳态电路中，求电流表 A 和电压表 V 的读数。

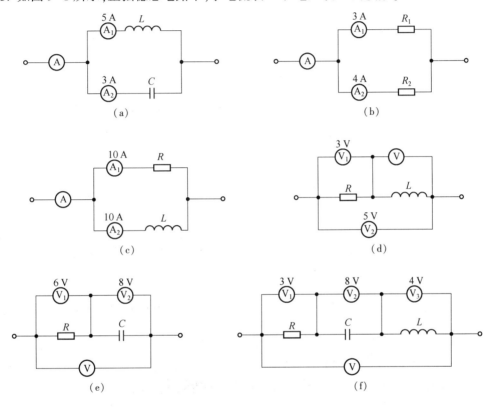

图 9-1　题 5 图

解：（1）图 9-1（a）中设电感和电容并联支路的电压为 $\dot{U} = U \angle 0°$，根据基尔霍夫电流定律的相量表达形式知

$$\dot{I} = \dot{I}_L + \dot{I}_C = \frac{\dot{U}}{j\omega L} + j\omega C\dot{U} = \frac{U \angle 0°}{\omega L \angle 90°} + 1 \angle 90° \omega C U \angle 0° = \frac{U}{\omega L} \angle -90° + \omega C U \angle 90°$$

$$= 5 \angle -90° + 3 \angle 90° = -j5 + j3 = -j2 = 2 \angle -90°$$

电流表上的读数为 2 A。

（2）图 9-1（b）中设两电阻并联支路的电压为 $\dot{U} = U \angle 0°$，根据基尔霍夫电流定律的相量表达形式知

$$\dot{I} = \dot{I}_R + \dot{I}_R = \frac{\dot{U}}{R} + \frac{\dot{U}}{R} = \frac{U \angle 0°}{R} + \frac{U \angle 0°}{R} = \frac{U}{R} \angle 0° + \frac{U}{R} \angle 0° = 3 \angle 0° + 4 \angle 0° = 7(\text{A})$$

电流表上的读数为 7 A。

（3）图 9-1（c）中设电阻和电感并联支路的电压为 $\dot{U} = U\angle 0°$，根据基尔霍夫电流定律的相量表达形式知

$$\dot{I} = \dot{I}_R + \dot{I}_L = \frac{\dot{U}}{R} + \frac{\dot{U}}{j\omega L} = \frac{U\angle 0°}{R} + \frac{U\angle 0°}{\omega L\angle 90°} = \frac{U}{R}\angle 0° + \frac{U}{\omega L}\angle - 90°$$

$$= 10\angle 0° + 10\angle - 90° = 10 - j10 = 10\sqrt{2}\angle - 45°$$

电流表上的读数为 $10\sqrt{2}$ A。

（4）图 9-1（d）中设流过电阻和电感支路的电流为 $\dot{I} = I\angle 0°$，根据基尔霍夫电压定律的相量表达形式知

$$\dot{U} = \dot{U}_R + \dot{U}_L = R\dot{I} + j\omega L\dot{I} = RI\angle 0° + \omega LI\angle 90° = 3 + jX$$

总的电压的有效值为 5 V，$\sqrt{3^2 + X^2} = 5$，求得电感电压的有效值为 4 V。

（5）图 9-1（e）中设流过电阻和电感支路的电流为 $\dot{I} = I\angle 0°$，根据基尔霍夫电压定律的相量表达形式知

$$\dot{U} = \dot{U}_R + \dot{U}_C = R\dot{I} + \frac{\dot{I}}{j\omega C} = RI\angle 0° + \frac{I}{\omega C}\angle - 90° = 6 - j8$$

电压表上的读数为 $\sqrt{6^2 + (-8)^2} = 10(V)$。

（6）图 9-1（f）中设流过电阻和电感支路的电流为 $\dot{I} = I\angle 0°$，根据基尔霍夫电压定律的相量表达形式知

$$\dot{U} = \dot{U}_R + \dot{U}_C + \dot{U}_L = R\dot{I} + \frac{\dot{I}}{j\omega C} + j\omega L\dot{I} = RI\angle 0° + \frac{I}{\omega C}\angle - 90° + \omega LI\angle 90°$$

$$= 3\angle 0° + 8\angle - 90° + 4\angle 90° = 3 - j8 + j4 = 3 - j4$$

电压表上的读数为 $\sqrt{3^2 + (-4)^2} = 5(V)$。

6. 如图 9-2 所示，正弦稳态电路中，求 a、b 断路的等效 Y_{ab}、Z_{ab}。

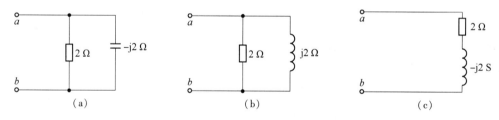

图 9-2　题 6 图

解：（1）图 9-2（a）中 $Z_{ab} = \dfrac{2(-j2)}{2 - j2} = \dfrac{4\angle - 90°}{2\sqrt{2}\angle - 45°} = \sqrt{2}\angle - 45° = \sqrt{2}\left[\cos(-45°) + j\sin(-45°)\right] = (1 - j)\Omega$

$$Y_{ab} = \frac{1}{Z_{ab}} = \frac{1}{\sqrt{2}\angle - 45°} = \frac{1}{\sqrt{2}}\angle 45° = \frac{1}{\sqrt{2}}\left[\cos(45°) + j\sin(45°)\right] = \left(\frac{1}{2} + j\frac{1}{2}\right)S$$

或者

$$Y_{ab} = \frac{1}{2} + \frac{1}{-j2} = \left(\frac{1}{2} + j\frac{1}{2}\right)S$$

（2）图 9-2（b）中 $Y_{ab} = \frac{1}{2} + \frac{1}{j2} = \left(\frac{1}{2} - j\frac{1}{2}\right)S$

$$Z_{ab} = \frac{2 \times j2}{2 + j2} = \frac{4\angle 90°}{2\sqrt{2}\angle 45°} = \sqrt{2}\angle 45° = \sqrt{2}[\cos(45°) + j\sin(45°)] = (1 + j)\Omega$$

（3）图 9-2（c）中 $Z_{ab} = 2 + \frac{1}{-j2} = (2 + j0.5)\Omega$

$$Y_{ab} = \frac{1}{2 + j0.5} = (0.47 - j0.118)S$$

7. 如图 9-3 所示，已知 $u_s(t) = 220\sqrt{2}\cos(10^3 t + 45°)$V，求电流 $i(t)$ 和 $i_1(t)$。

解： 画出相量模型

$Z_L = j\omega L = j \times 10^3 \times 5 \times 10^{-3} = j5(\Omega)$

$Z_C = \frac{1}{j\omega C} = \frac{1}{j \times 10^3 \times 100 \times 10^{-6}} = -j10(\Omega)$

$$\dot{I} = \frac{220\angle 45°}{j5 + \dfrac{10 \times (-j10)}{10 - j10}} = \frac{220\angle 45°}{j5 + 5 - j5}$$

$$= 44\angle 45°(A)$$

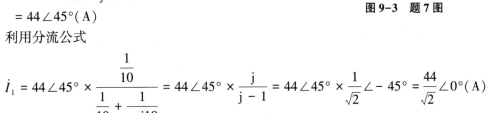

图 9-3　题 7 图

利用分流公式

$$\dot{I}_1 = 44\angle 45° \times \frac{\dfrac{1}{10}}{\dfrac{1}{10} + \dfrac{1}{-j10}} = 44\angle 45° \times \frac{j}{j - 1} = 44\angle 45° \times \frac{1}{\sqrt{2}}\angle -45° = \frac{44}{\sqrt{2}}\angle 0°(A)$$

由相量表示正弦量

$i(t) = 44\sqrt{2}\cos(10^3 t + 45°)A, i_1(t) = 44\cos 10^3 t\ A$

8. 如图 9-4 所示，已知 $U_s(t)$

$= 10\sqrt{2}\cos 10^3$V，求 $i(t)$、$i_1(t)$。

解： 画出相量模型

$Z_L = j\omega L = j \times 10^3 \times 5 \times 10^{-3} = j5(\Omega)$

$Z_C = \dfrac{1}{j\omega C} = \dfrac{1}{j \times 10^3 \times 200 \times 10^{-6}}$

$= -j5(\Omega)$

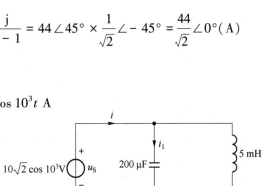

图 9-4　题 8 图

求总阻抗

$$Z = \frac{(-j5)(5 + j5)}{-j5 + 5 + j5}$$

$$= -j(5 + j5) = (5 - j5)(\Omega)$$

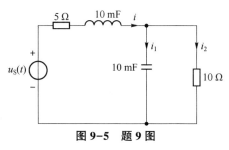

图 9-5 题 9 图

$$\dot{I} = \frac{10\angle 0°}{5 - j5} = \frac{10\angle 0°}{5\sqrt{2}\angle - 45°} = \frac{2}{\sqrt{2}}\angle 45°(A)$$

$$\dot{I}_1 = \frac{10\angle 0°}{- j5} = \frac{10\angle 0°}{5\angle - 90°} = 2\angle 90°(A)$$

由相量表示正弦量

$$i(t) = 2\cos(10^3 t + 45°)A, i_1(t) = 2\sqrt{2}\cos(10^3 t + 90°)A$$

9. 正弦稳态电路如图 9-5 所示，$u_S(t) = 100\sqrt{2}\cos 10t V$，求 $i(t)$、$i_1(t)$ 和 $i_2(t)$。

解： 画出相量模型

$$Z_L = j\omega L = j \times 10 \times 1.5 = j15(\Omega)$$

$$Z_C = \frac{1}{j\omega C} = \frac{10^3}{j \times 10 \times 10} = -j10(\Omega)$$

求总阻抗

$$Z = 5 + j15 + \frac{10 \times (-j10)}{10 - j10} = 5 + j15 + 5 - j5 = (10 + j10)(\Omega)$$

$$\dot{I} = \frac{100\angle 0°}{10 + j10} = \frac{100\angle 0°}{10\sqrt{2}\angle 45°} = \frac{10}{\sqrt{2}}\angle - 45°(A)$$

使用分流公式

$$\dot{I}_1 = \frac{10}{\sqrt{2}}\angle - 45° \times \frac{\frac{1}{-j10}}{\frac{1}{-j10} + \frac{1}{10}} = \frac{10}{\sqrt{2}}\angle - 45° \times \frac{1}{\sqrt{2}}\angle 45° = 5\angle 0°(A)$$

$$\dot{I}_2 = \frac{10}{\sqrt{2}}\angle - 45° \times \frac{\frac{1}{10}}{\frac{1}{-j10} + \frac{1}{10}} = \frac{10}{\sqrt{2}}\angle - 45° \times \frac{1}{\sqrt{2}}\angle - 45° = 5\angle - 90°(A)$$

由相量表示正弦量

$$i(t) = 10\cos(10t - 45°)A, i_1(t) = 5\sqrt{2}\cos 10t\ A, i_2(t) = 5\sqrt{2}\cos(10t - 90°)A$$

10. 如图 9-6 所示，试用网孔分析法、结点分析法求结点电压 $\dot{U}_1$、$\dot{U}_2$，网孔电流 $\dot{I}_1$、$\dot{I}_2$、$\dot{I}_3$；试用叠加定理求 $\dot{I}_C$（只列方程不用求解）。

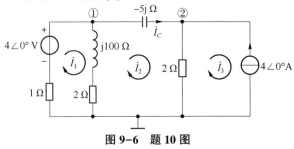

图 9-6 题 10 图

解：(1)网孔分析法,求网孔电流 $\dot{I}_1$、$\dot{I}_2$ 和 $\dot{I}_3$。

$$\begin{cases} (j100 + 2 + 1)\dot{I}_1 - (2 + j100)\dot{I}_2 = 4\angle 0° \\ -(2 + j100)\dot{I}_1 + (-j5 + 2 + 2 + j100)\dot{I}_2 - 2\dot{I}_3 = 0 \\ \dot{I}_3 = -4\angle 0° \end{cases}$$

$$\dot{I}_C = \dot{I}_2$$

(2)结点分析法:先将电压源串联电阻模型等效为电流源并联电阻模型,求 $\dot{U}_1$ 和 $\dot{U}_2$。

$$\begin{cases} \left(\dfrac{1}{1} + \dfrac{1}{2 + j100} + \dfrac{1}{-j5}\right)\dot{U}_1 - \dfrac{1}{-j5}\dot{U}_2 = \dfrac{4\angle 0°}{1} \\ -\dfrac{1}{-j5}\dot{U}_1 + \left(\dfrac{1}{-j5} + \dfrac{1}{2}\right)\dot{U}_2 = 4\angle 0° \end{cases}$$

$$\dot{I}_C = \frac{\dot{U}_1 - \dot{U}_2}{-5j}$$

(3)叠加定理求 $\dot{I}_C$。

4 V 独立电压源单独作用,先将电压源串联电阻模型等效为电流源并联电阻模型,用分流公式进行计算

$$\dot{I}'_C = 4\angle 0° \times \frac{\dfrac{1}{2 - j5}}{\dfrac{1}{1} + \dfrac{1}{2 + j100} + \dfrac{1}{2 - j5}}$$

4 A 独立电流源单独作用,用分流公式进行计算

$$\dot{I}''_C = -4\angle 0° \times \frac{\dfrac{1}{-j5 + \dfrac{1 \times (2 + j100)}{1 + 2 + j100}}}{\dfrac{1}{2} + \dfrac{1}{-j5 + \dfrac{1 \times (2 + j100)}{1 + 2 + j100}}}$$

$$\dot{I}_C = \dot{I}'_C + \dot{I}''_C$$

11. 如图 9-7 所示,正弦稳态电路相量模型,请列出其结点方程。

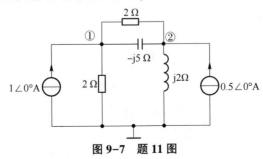

图 9-7　题 11 图

$$\begin{cases} \left(\dfrac{1}{2} + \dfrac{1}{-j2} + \dfrac{1}{2}\right)\dot{U}_1 - \left(\dfrac{1}{2} + \dfrac{1}{-j2}\right)\dot{U}_2 = 1\angle 0° \\ -\left(\dfrac{1}{2} + \dfrac{1}{-j2}\right)\dot{U}_1 + \left(\dfrac{1}{2} + \dfrac{1}{-j2} + \dfrac{1}{2}\right)\dot{U}_2 = 0.5\angle 0° \end{cases}$$

12. 如图 9-8 所示,正弦稳态电路已知 $u_S(t) = 3\sqrt{2}\cos 2t$ V,$i_S(t) = \sqrt{2}\cos 2t$ V,画出电路相量模型,并求 $u_o(t)$。

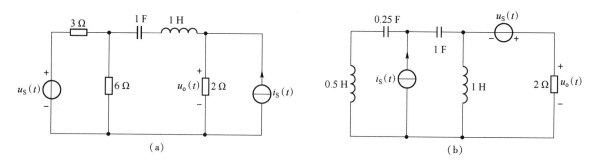

图 9-8 题 12 图

解:(1)图 9-8(a)电路的相量模型

$$Z_L = j\omega L = j \times 2 \times 1 = j2\,(\Omega)$$

$$Z_C = \frac{1}{j\omega C} = \frac{1}{j \times 2 \times 1} = -j0.5\,(\Omega)$$

先将电压源串联电阻模型等效为电流源并联电阻模型

$$\begin{cases} \left(\dfrac{1}{3} + \dfrac{1}{6} + \dfrac{1}{-j0.5 + j2}\right)\dot{U}_1 - \left(\dfrac{1}{-j0.5 + j2}\right)\dot{U}_o = 1 \\ -\left(\dfrac{1}{-j0.5 + j2}\right)\dot{U}_1 + \left(\dfrac{1}{-j0.5 + j2} + \dfrac{1}{2}\right)\dot{U}_o = 1 \end{cases}$$

(2)图 9-8(b)电路的相量模型

$$Z_{L1} = j\omega L_1 = j \times 2 \times 1 = j2\,(\Omega)$$

$$Z_{L2} = j\omega L_2 = j \times 2 \times 0.5 = j1\,(\Omega)$$

$$Z_C = \frac{1}{j\omega C} = \frac{1}{j \times 2 \times 0.25} = -j2\,(\Omega)$$

使用戴维南定理进行等效
求出开路电压

$$\dot{U}_{oc} = 1 \times \frac{\dfrac{1}{j2}}{\dfrac{1}{j - j2} + \dfrac{1}{j2}} \times j2 = -j2\,(V)$$

将 2 A 独立电流源开路,求戴维南等效电阻

$$Z_o = \frac{(-j2 + j) \times j2}{-j2 + j + j2} = -j2\,(\Omega)$$

将复杂电路化为单回路的电路：

$$\dot{U}_o = (3 - j2) \times \frac{2}{2 - j2} = (2.5 - j0.5)\,\text{V}$$

13. 如图 9-9 所示，正弦稳态电路相量模型，使用戴维南定理或诺顿定理求 $\dot{I}_C$。

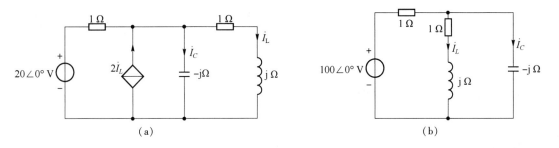

（a）　　　　　　　　　　　　　　（b）

图 9-9　题 13 图

解：(1)图 9-9(a)电路除了 $-j\Omega$ 电容支路以外的部分做戴维南等效

$1 \times (-\dot{I}_L) + (1 + j)\dot{I}_L = 2$，求出 $\dot{I}_L = -j2\,\Omega$

$$\dot{U}_{oc} = (1 + j) \times (-j2) = (2 - j2)\,\text{V}$$

含受控源的电路，我们可以采用外加电源法求等效阻抗

$$\dot{U} = (1 + j) \times \dot{I}_L$$

$$\dot{I} + 2\dot{I}_L - \frac{\dot{U}}{1} - \dot{I}_L = 0$$

两式联立，求出

$$Z_o = \frac{\dot{U}}{\dot{I}} = (1 - j)\,\Omega$$

单回路的电路

$$\dot{I}_C = \frac{2 - j2}{1 - j - j}$$

(2)图 9-9(b)电路使用戴维南定理或诺顿定理。

求开路电压

$$\dot{U}_{oc} = 100\angle 0° \times \frac{1 + j}{1 + 1 + j}$$

求等效阻抗

$$Z_o = \frac{1 \times (1 + j)}{1 + 1 + j}$$

将复杂电路化为单回路的电路

$$\dot{I}_C = \frac{\dot{U}_{oc}}{Z_o + j1}$$

14. 已知某元件上通过的各电流如下，求该电路的有效值。

（1）$i(t) = [4+3\sqrt{2}\sin(\omega t+45°)]$

$$I = \sqrt{4^2 + 3^2} = 5(A)$$

（2）$i(t) = [6\sqrt{2}\sin(\omega t+10°)+8\sqrt{2}\sin(2\omega t+30°)]$

$$I = \sqrt{6^2 + 8^2} = 10(A)$$

（3）$i(t) = [60\sqrt{2}\sin 314t+80\sqrt{2}\sin(628t+30°)]$

$$I = \sqrt{60^2 + 80^2} = 100(A)$$

（4）$i(t) = [0.6+0.8\sqrt{2}\sin(\omega t-15°)]$

$$I = \sqrt{0.6^2 + 0.8^2} = 1(A)$$

15. 如图9-10所示，已知$\dot{U}_S = 10\angle 0° V$，求电源发出的复功率$\tilde{S}$和电路的功率因数$\cos\phi$。

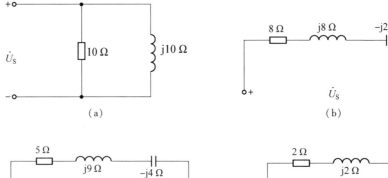

图9-10 题15图

解：（1）图9-10（a）电路中 $Z = \dfrac{10 \times j10}{10 + j10} = \dfrac{10}{\sqrt{2}}\angle 45° \ \Omega$

$$\dot{I} = \frac{\dot{U}_S}{Z} = \frac{10\angle 0°}{\dfrac{10}{\sqrt{2}}\angle 45°} = \sqrt{2}\angle -45°(A)$$

$$\tilde{S} = \dot{U}\dot{I}^* = 10\angle 0°\sqrt{2}\angle 45° = 10\sqrt{2}\angle 45°(V \cdot A)$$

$$\cos\phi = \cos[0 - (-45°)] = \cos 45° = 0.707$$

（2）图9-10（b）电路中 $Z = 8 + j8 - j2 = 8 + j6 \ \Omega$

$$\dot{I} = \frac{\dot{U}_S}{Z} = \frac{10\angle 0°}{8 + j6} = \frac{10\angle 0°}{10\angle 36.9°} = 1\angle -36.9°(A)$$

$$\tilde{S} = \dot{U}\dot{I}^* = 10\angle 0° \times 1\angle 36.9° = 10\angle 36.9°(V \cdot A)$$

$$\cos\phi = \cos\left[\,0 - (\,-36.9°\,)\,\right] = \cos 36.9° = 0.8$$

（3）图 9-10（c）电路中 $Z = 5 + \text{j}9 - \text{j}4 = 5 + \text{j}5 \ \Omega$

$$\dot{I} = \frac{\dot{U}_\text{S}}{Z} = \frac{10\angle 0°}{5 + \text{j}5} = \frac{10\angle 0°}{5\sqrt{2}\angle 45°} = \sqrt{2}\angle -45°(\text{A})$$

$$\tilde{S} = \dot{U}\dot{I}^* = 10\angle 0° \times \sqrt{2}\angle 45° = 10\sqrt{2}\angle 45° \ (\text{V}\cdot\text{A})$$

$$\cos\phi = \cos\left[\,0 - (\,-45°\,)\,\right] = \cos 45° = 0.707$$

（4）图 9-10（d）电路中 $Z = 2 + \text{j}2 \ \Omega$

$$\dot{I} = \frac{\dot{U}_\text{S}}{Z} = \frac{10\angle 0°}{2 + \text{j}2} = \frac{10\angle 0°}{2\sqrt{2}\angle 45°} = \frac{5}{\sqrt{2}}\angle -45°(\text{A})$$

$$\tilde{S} = \dot{U}\dot{I}^* = 10\angle 0° \times \frac{5}{\sqrt{2}}\angle 45° = 25\sqrt{2}\angle 45° \ (\text{V}\cdot\text{A})$$

$$\cos\phi = \cos\left[\,0 - (\,-45°\,)\,\right] = \cos 45° = 0.707$$

第十章

模拟电路基础知识

一、选择填空题

1. PN 结外加正向电压时,扩散电流<u>大于</u>漂移电流,耗尽层<u>变窄</u>。

2. (1)如图 10-1 所示,当电源 $V=5$ V 时,测得 $I=1$ mA。若把电源电压调整到 $V=10$ V,则电流的大小将是 <u>C</u>。

    A. $I=2$ mA   B. $I<2$ mA   C. $I>2$ mA

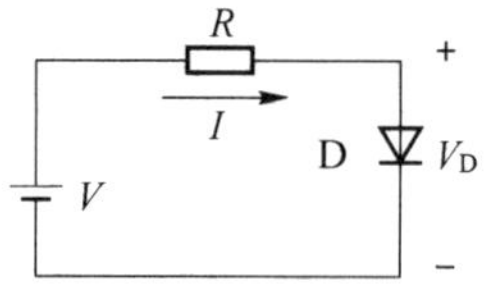

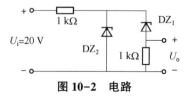

图 10-1 电路

    (2)设电路中保持 $V=5$ V 不变。当温度为 20 ℃时,测得二极管正向电压 $V_P=0.7$ V。当温度上升到 40 ℃时,则 V_P 的大小是 <u>C</u>。

    A. 仍等于 0.7 V   B. 大于 0.7 V   C. 小于 0.7 V

3. 二极管最主要的特性是<u>单向导电性</u>,它的两个主要参数是反映正向特性的<u>整流电流</u>和反映反向特性的<u>反向电流</u>。

4. 用一只万用表不同的欧姆挡测得某个二极管的电阻分别为 250 Ω 和 1.8 kΩ。

    (1)产生这种现象的原因是<u>二极管两端外加正向电压和反向电流</u>。

    (2)两个电阻值对应的二极管偏置条件是:250 Ω 为<u>正偏</u>,1.8 kΩ 为<u>反偏</u>。

5. 稳压管的稳压区是工作在<u>击穿区</u>。

6. 当晶体三极管工作在放大区时,发射结电压和集电结电压应为<u>发射结正偏和集电结反偏</u>。

7. 如图 10-2 所示,电路中 DZ_1 和 DZ_2 为稳压二极管,其稳定工作电压分别为 6 V 和7 V,且具有理想的特性。由此可知输出电压 U_o 为 <u>1 V</u>。

图 10-2 电路

8. 如图 10-3 所示,设 $U_i = \sin \omega t \mathrm{V}$,$V = 2\ \mathrm{V}$,二极管具有理想特性,则输出电压 U_o 的波形应为 __A__ 图。

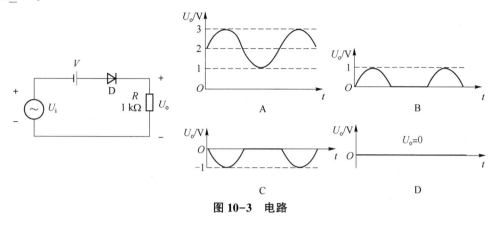

图 10-3 电路

二、计算题

1. 如图 10-4 所示,$D_1 \sim D_3$ 为理想二极管,A、B、C 灯都相同,试问哪个灯最亮?

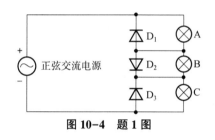

图 10-4 题 1 图

解:V_S 正半周时 D_1、D_3 截止,D_2 导通 B 灯被短路,V_S 的正半周电压全部加到 A、C 灯上。

V_S 负半周时 D_1、D_3 导通,D_2 截止 A、C 灯被短路,V_S 的正半周电压全部加到 B 灯上。

V_S 全周期加到 A、C 灯上的平均电压只有 B 灯的一半,所以最亮的灯是 B。

2. 设硅稳压管 DZ_1 和 DZ_2 的稳定电压分别为 5 V 和 10 V,求图 10-5 中电路的输出电压 U_o。已知稳压管的正向压降为 0.7 V。

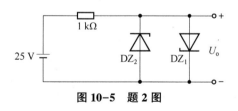

图 10-5 题 2 图

解:设两只稳压二极管的稳压值分别为 $V_{Z1} = 5\ \mathrm{V}$;$V_{Z2} = 10\ \mathrm{V}$,正向压降均为 0.7 V,DZ_1 优先导通,串并联的等效稳压值 $V_Z = 0.7\ \mathrm{V}$,则 $U_o = 0.7\ \mathrm{V}$。

3. 如图 10-6 所示,判断电路中各二极管是否导通,并求 A、B 两端的电压值。设二极管正向压降为 0.7 V。

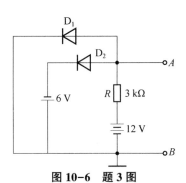

图 10-6 题 3 图

解：断开 D_1、D_2 时，$V_{A1} = 12$ V，$V_{A2} = 12+6 = 18$（V）

因为 $V_{A1} < V_{A2}$；D_2 管优先导通，

$V_{AB} = 0.7-6 = -5.3$（V）。

此时，D_1 管截止。

放大电路基础

一、选择填空题

1. 在由 PNP 晶体管组成的基本共射放大电路中，当输入信号为 1 kHz、5 mV 的正弦电压时，输出电压波形出现了顶部削平的失真，这种失真是<u>饱和失真</u>。

2. 为了使一个电压信号能得到有效的放大，而且能向负载提供足够大的电流，应在这个信号源后面接入什么电路？（A）。

    A. 共射电路   B. 共基电路   C. 共集电路

3. 某同学为验证基本共射放大电路电压放大倍数与静态工作点的关系，在线性放大条件下对同一个电路测了四组数据。找出其中错误的一组。（B）

    A. $I_c = 0.5$ mA, $U_i = 10$ mV, $U_o = 0.37$ V

    B. $I_c = 1.0$ mA, $U_i = 10$ mV, $U_o = 0.62$ V

    C. $I_c = 1.5$ mA, $U_i = 10$ mV, $U_o = 0.96$ V

    D. $I_c = 2$ mA, $U_i = 10$ mV, $U_o = 0.45$ V

4. 电路如图 11-1 所示（用 a. 增大, b. 减小, c. 不变或基本不变填空）

①若将电路中 C_e 由 100 μF 改为 10 μF，则 $|A_{vm}|$ 将 <u>c</u>, f_L 将 <u>a</u>, f_H 将 <u>c</u>, 中频相移将 <u>c</u>。

②若将一个 6 800 pF 的电容错焊到管子 b、c 两极之间，则 $|A_{vm}|$ 将 <u>c</u>, f_L 将 <u>c</u>, f_H 将 <u>b</u>。

③若换一个 f_T 较低的晶体管，则 $|A_{vm}|$ 将 <u>c</u>, f_L 将 <u>c</u>, f_H 将 <u>b</u>。

5. 一个放大电路的对数幅频特性如图 11-2 所示，由图可知，中频放大倍数 $|A_{vm}| = \underline{100}$, f_L 为 <u>100 Hz</u>, f_H 为 <u>0.1 MHz</u>, 当信号频率为 f_L 或 f_H 时，实际的电压增益为 70.7。

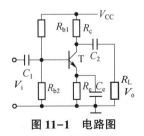

图 11-1　电路图

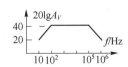

图 11-2　放大电路的对数幅频特性

6. 在如图 11-3 所示,放大电路中设 $V_{CC}=$ 10 V, $R_{b1}=4$ kΩ, $R_{b2}=6$ kΩ, $R_c=2$ kΩ, $R_e=$ 3.3 kΩ, $R_L=2$ kΩ。电容 C_1、C_2 和 C_e 都足够大。若更换晶体管使 β 由 50 改为 100, $r_{bb'}$ 约为 0,则此放大电路的电压放大倍数 C。

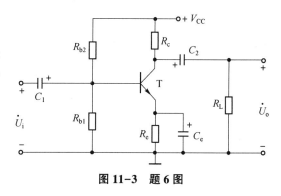

A. 约为原来的 2 倍

B. 约为原来的 0.5 倍

C. 基本不变

D. 约为原来的 4 倍

图 11-3　题 6 图

二、计算题

1. 在晶体管放大电路中测得三个晶体管的各个电极的电位如图 11-4 所示。试判断各晶体管的类型(是 PNP 管还是 NPN 管,是硅管还是锗管),并区分 e、b、c 三个电极。

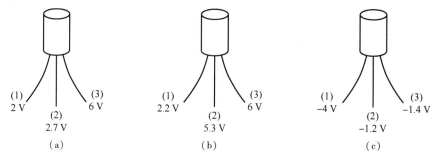

图 11-4　晶体管放大电路

解:(1)图 11-3(a)因为 6 V>2.7 V>2 V,2.7-2=0.7(V),该三极管为 NPN,3 脚为 c 极,2 脚为 b 极,1 脚为 e 极,为硅管;

(2)图 11-3(b)为 NPN,1 脚为 c 极,2 脚为 b 极,3 脚 e 极,为硅管;

(3)图 11-3(c)为 PNP,1 脚为 c 极,2 脚为 e 极,3 脚为 b 极,为锗管。

2. 如图 11-5 所示,电路能否实现正常放大?

解:将 C_1 和 C_2 交流时看成短路。图 11-5(a)无信号进入,不能放大;图 11-5(b)可正常放大。

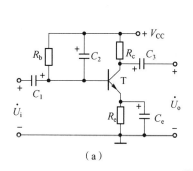

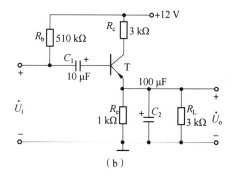

图 11-5　题 2 图

3. 在如图 11-6 所示的电路中，已知 $V_{CC} = 6$ V，$R_b = 150$ kΩ，$\beta = 50$，$R_C = R_L = 2$ kΩ，$R_S = 200$ Ω，求：

(1) 放大器的静态工作点 Q；

(2) 计算电压放大倍数，输入电阻、输出电阻和源电压放大倍数的值；

(3) 若 R_b 改成 50 kΩ，再计算 (1)、(2) 的值。

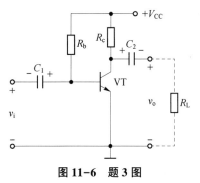

图 11-6　题 3 图

解：(1) $U_{BE} = 0.7$V，$I_{BQ} = \dfrac{V_{CC} - 0.7}{R} = 0.035$ mA，则

$$I_{CQ} = 1.77 \text{ mA}$$
$$U_{CEQ} = 2.47 \text{ V}$$

(2) $Y_{be} \approx 1$ kΩ，$A_u = -5$ Ω，$r_i = 1$ kΩ，$r_0 = R_C = 2$ kΩ，$A_{uS} = -41-67 = -108$。

(3) $I_{BQ} = 0.1$ mA，假设 BJT 放大，$I_{CQ} = \beta I_{BQ} = 5.3$ mA，$U_{CEQ} = 14.6$ V。

第十二章

放大电路中的反馈

一、填空题

1. 理想反馈模型的基本反馈方程 $A_f = \dfrac{A}{1 + AF} = \dfrac{A}{1 + B}$。

2. 反馈放大器使输入电阻增大还是减小与<u>电流求和</u>和<u>电压求和</u>有关,而和<u>输出端取样</u>无关。

3. 反馈放大器使输出电阻增大还是减小与<u>电压取样</u>和<u>电流取样</u>有关,而和<u>输入端求和</u>无关。

4. 在放大器中,使工作点稳定所采用的是<u>直流</u>反馈,使放大器增益稳定所采用的是<u>交流</u>反馈,使增益提高可以采用<u>正</u>反馈。

5. 要使负载发生变化时,输出电压变化较小,且放大器吸收电压信号源的功率也较小,可以采用<u>电压串联负</u>反馈。

6. 某传感器产生的电压信号几乎没有带负载的能力即不能向负载提供电流。要使经放大后产生输出电压与传感器产生的信号成正比,放大器应该采用电压串联负反馈放大器。

二、计算题

1. 某负反馈放大器开环增益等于 10^5,若要获得 100 倍的闭环增益,其反馈系数、反馈深度和环路增益分别是多少?

解: $A = 10^5$, $A_f = 100$

反馈系数为 $\dfrac{999}{10^5}$;

反馈深度为 1 000;

环路增益为 999。

2. 已知放大器的电压增益 $A_V = -1\,000$,当环境温度每变化 1 ℃时, A_V 的变化为 0.5%。若要求电压增益相对变化减少到 0.05%,应引入什么反馈?求出所需的反馈系数和闭环增益。

解:要使增益的稳定性提高,应引入负反馈

由题意知,当环境温度 t 改变 1 ℃时, $\dfrac{\Delta A_V}{A_V} = 0.5\%$

而 $\dfrac{\Delta A_{\mathrm{f}}}{A_{Vf}} = 0.05\%$

由 $1 + AF = \dfrac{\Delta A_V/A}{\Delta A_{\mathrm{f}}/A_{\mathrm{f}}} = \dfrac{0.5\%}{0.05\%} = 10$

$F = -0.009$

解得

$A_{Vf} = \dfrac{A_V}{1 + AF} = -100$

3. 如图 12-1 所示,指出下述各放大器级间反馈的类型和极性,并画出反馈网络,求出反馈系数。各电路中的电容对信号电流呈短路。

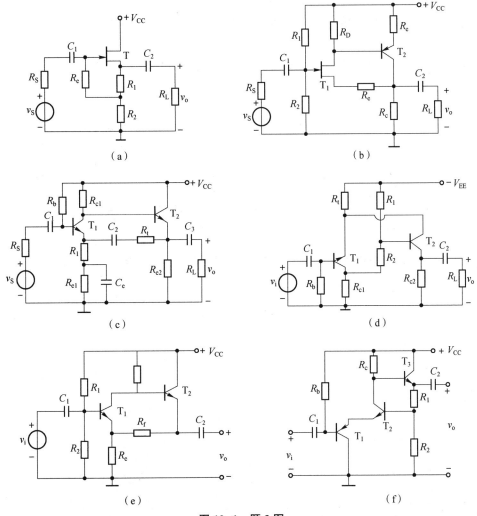

（a）　　　　　　　　　（b）

（c）　　　　　　　　　（d）

（e）　　　　　　　　　（f）

图 12-1　题 3 图

解:(1)图 12-1(a)中 R_3 引入电压取样电流求和正反馈,反馈网络如图 12-2 所示。

反馈系数: $-\dfrac{R_3/\!/R_2}{(R_1 + R_3/\!/R_2)R_3}$

（2）图 12-1（b）中 R_g 引入电压取样电压求和负反馈,反馈网络如图 12-3 所示。反馈系数为 1。

（3）图 12-1（c）中电压取样电压求和正反馈,反馈网络如图 12-4 所示。

反馈系数为 $\dfrac{R_1}{R_1 + R_f}$。

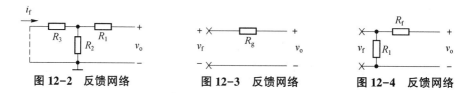

图 12-2　反馈网络　　　　图 12-3　反馈网络　　　　图 12-4　反馈网络

（4）图 12-1（d）中电流取样电压求和正反馈,反馈网络如图 12-5 所示。反馈系数为 R_e。

（5）图 12-1（e）中电压取样电压求和正反馈,反馈网络如图 12-6 所示。

反馈系数为 $\dfrac{R_e}{R_e + R_f}$。

（6）图 12-1（f）中 T_2 和 T_3 间为电压取样电压求和负反馈,反馈网络如图 12-7 所示。

反馈系数为 $\dfrac{R_2}{R_1 + R_2}$。

　　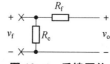　　

图 12-5　反馈网络　　　　图 12-6　反馈网络　　　　图 12-7　反馈网络

第十三章

集成运算放大器

一、填空题

1. 在半导体集成电路中,晶体管元件占芯片面积最小,电容和电阻元件的值越大占芯片的面积越大,而大电容元件无法集成。

2. SI 集成放大器的偏置电路往往采用电流源电路,而集成放大器的负载常采用有源负载,其目的是为了减少大电阻的使用。

3. 差动放大器依靠电路的对称性和 R_E 负反馈来抑制零点漂移。

4. 集成放大器的恒压源和恒流源模型中的电阻都是交流电阻,前者有很小的交流电阻,后者的交流电阻很大。

5. 一般情况下,单端输入的差动放大器输出电压与同一信号差模输入时的输出电压几乎相同,其原因是差放抑制共模。

6. 采用恒流源偏置的差动放大器可以明显提高共模抑制比。

二、计算题

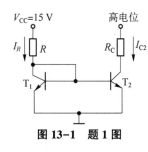

图 13-1　题 1 图

1. 由对管 T_1 和管 T_2 组成的镜像恒流源如图 13-1 所示,设 $V_{BE1} = V_{BE2} = 0.6\ \text{V}$,$\beta_1 = \beta_2 \gg 1$,若要求 $I_{C2} = 28\ \mu\text{A}$,电阻 R 应为多大?

解: (1) 由 $I_R = \dfrac{V_{CC} - V_{BE}}{R}$ 得 $R = \dfrac{V_{CC} - 0.7}{I_R} = 514\ \text{k}\Omega$

(2) 若仍要求 $I_{C2} = 28\ \mu\text{A}$,但是取 $R = 20\ \text{k}\Omega$,试用微电流恒电流源实现。画出电路图,求未知电阻。

解: 电路图如图 13-2 所示。

$$I_R = \frac{V_{CC} - V_{BE}}{R} = 0.72\ \text{mA}$$

同时

$$I_{C2} = \frac{V_T}{R_2}\ln\frac{I_R}{I_{C2}} = \frac{26}{0.028}\ln\frac{0.72}{0.028} = 3.02(\text{k}\Omega)$$

2. 某集成放大器内部电路如图 13-3 所示,试指出该电路中哪些元件构成恒流源?并说明各级放大器的组态、负载情况

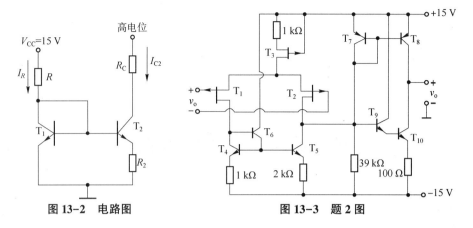

图 13-2 电路图   图 13-3 题 2 图

解：T_4、T_5、T_6 组成共集管的电流源；

T_7、T_8 组成基本电流源；

T_3 恒流源。

3. 如图 13-4 所示，恒流源的电流 I_{C2} 为多少？

解：设管子为锗管

$$I_{C2} \approx \frac{1}{10}I_R$$

$$I_R = \frac{12 - 0.3}{1 + 10.7} = 1(\text{mA})$$

$$I_{C2} = 0.1(\text{mA})$$

4. 如图 13-5 所示，理想对称差放中 T_1 和 T_2 的 $\beta = 100$，$V_{BEQ} \approx 0.7$ V，试求，

(1) 静态电流 I_{C1}、I_{C2}。

(2) 差模输入电阻 R_{id} 和差模电压增益 A_{Vd}（R_W 的滑动臂位于中点）。

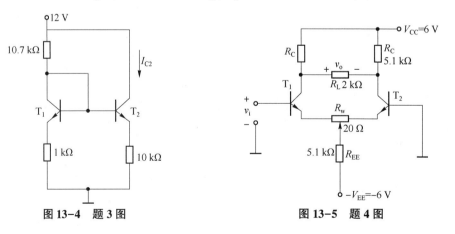

图 13-4 题 3 图   图 13-5 题 4 图

解：(1) $I_{C2} = I_{C1} \approx I_{E1} = \frac{6 - 0.7}{0.01 + 10.2} = 0.519(\text{mA})$

(2) $r_{be} = 0.3 + (1 + \beta) \dfrac{V_T}{I_{E1}} = \dfrac{101 \times 26}{0.519} = 5.36(k\Omega)$

$R_{id} = 2\left[r_{be} + (1 + \beta) \dfrac{R_W}{2}\right] \approx 12.1\ k\Omega$

$A_{Vd} = -\dfrac{\beta\left(R_C // \dfrac{R_L}{2}\right)}{r_{be} + (1 + \beta) \dfrac{R_W}{2}} \approx -13.8$

5. 某理想对称差放当 $v_{i1} = -6\ mV$，$v_{i2} = 4\ mV$ 时测得双端输出 $v_o = 0.5\ V$，一个单端的输出 $\Delta v_{o1} = 0.2501\ V$（$\Delta v_{o1}$ 是 v_{i1} 和 v_{i2} 产生的增量电压），求该差放的 K_{CMR}。

解：由于电路理想对称

$$v_{o(双)} = v_{od(双)} = 0.5\ V$$

$$v_{od(单)} = \frac{1}{2}v_{od(双)} = 0.25\ V$$

因为 $\Delta v_{o1} = v_{od(单)} + v_{oc(单)}$

解得 $v_{oc(单)} = 0.0001\ V$

又因为 $v_{id} = v_{i1} - v_{i2} = -10\ mV$

解得 $A_{Vd(单)} = \dfrac{v_{od(单)}}{v_{id}} = -25$

$$A_{VC(单)} = \dfrac{v_{oc(单)}}{v_{ic}} = -0.1$$

$$K_{CMR} = 250\ dB$$

6. 如图 13-6 所示，已知对管 T_1 和 T_2 的 $\beta = 50$，$V_{BEQ} \approx 0.7\ V$，恒流源内阻为 $100\ M\Omega$，求该恒流源的差模放大电压倍数和共模放大倍数及共模抑制比。

解：可用估算法求 I_{C3}，$R_1 = 1\ k\Omega$

$$v_{R2} = \frac{[0 - (-6)]R_2}{R_1 + R_2} = 2\ V$$

$$I_{C3} \approx I_{E3} = \frac{V_{R2} - 0.7}{1} = 1.3\ mA$$

$$I_{C1} = I_{C2} \approx \frac{I_{C3}}{2} = 0.65\ mA$$

$$r_{be} = 0.3 + \frac{(1 + \beta)26\ mV}{I_{E1}} = 2.34\ k\Omega$$

$$A_{Vd} = \frac{v_{od}}{v_{i1} - v_{i2}} = -\frac{1}{2}\frac{\beta R_C}{r_{be}}$$

$$A_{VC} = -\frac{\beta R_C}{r_{be} + 2(1 + \beta)R_{CM}}$$

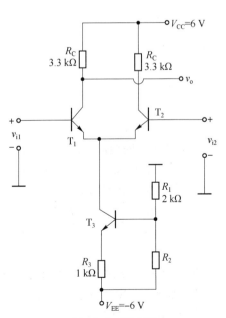

图 13-6　题 6 图

$$K_{CMR} = 20\log\left|\frac{A_{Vd}}{A_{VC}}\right| = 86.8\ dB$$

7. 比较同相放大器和反相放大器的异同。

解：相同点是都能放大信号，不同点是一个输出是同相位，一个是反相位。

8. 图 13-7(a)所示为理想集成运放，v_1 和 v_2 的波形如图 13-7(b)所示，$v_3 = -4\ V$，试画出输出波形。

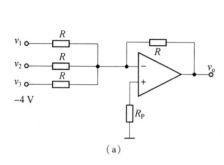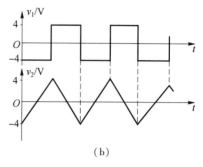

图 13-7 题 8 图

解：输出 $v_o = -(v_1 + v_2 + v_3)$。

9. 图 13-8 所示为理想运放，且 $\dfrac{R_1}{R_2} = \dfrac{R_4}{R_3}$，求输出电压与输入电压之间的关系式，并说明电路功能。

解：$V_{o1} = \left(1 + \dfrac{R_2}{R_1}\right)V_1$

由叠加原理

$$V_o = -\frac{R_4}{R_3}V_{o1} + \frac{V_2}{R_{P2}}R_4$$

$$= -\frac{R_4}{R_3}\left(1 + \frac{R_2}{R_1}\right)V_1 + \left(1 + \frac{R_4}{R_3}\right)V_2$$

$$= \left(1 + \frac{R_1}{R_2}\right)(V_2 - V_1)$$

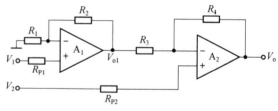

图 13-8 题 9 图

该电路实现同相输入差动放大，且 $R_{id} = \infty$。

10. 使用运放设计一个同相加法器，使其输出电压 $V_o = 6V_1 + 4V_2$。

解：同相加法器如图 13-9 所示。

令 $V_o = R_3 // R_4 = R_P // R_1 // R_2$

$$V_o = R_3\left(\frac{V_1}{R_1} + \frac{V_2}{R_2}\right)$$

设 $R_3 = 12\ k\Omega$，则 $R_1 = 2\ k\Omega$，$R_2 = 3\ k\Omega$，$R_4 = 1\ k\Omega$，$R_p = 4\ k\Omega$。

11. 如图 13-10 所示，求电路的输出电压 V_o。假设运放是理想的，且 $R_1 = R_3$，$R_2 = R_4$。

解：运用叠加定理

(1) V_1、V_2 单独作用时

$$V_o' = -\frac{R_f}{R_1}V_1 - \frac{R_f}{R_2}V_2$$

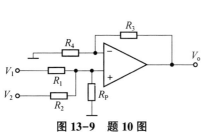

图 13-9　题 10 图

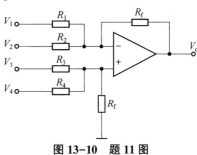

图 13-10　题 11 图

（2）V_3、V_4 单独作用时

$$V_o'' = \frac{R_f}{R_3}V_3 + \frac{R_f}{R_4}V_4$$

根据叠加定理知

$$V_o = -\frac{R_f}{R_1}V_1 - \frac{R_f}{R_2}V_2 + \frac{R_f}{R_3}V_3 + \frac{R_f}{R_4}V_4$$

$$R_P = R_3 // R_4 // R_5$$

$$R_N = R_1 // R_2 // R_f$$

$$V_o = R_f\left(\frac{V_3 - V_1}{R_1} + \frac{V_4 - V_2}{R_2}\right)$$

12. 图 13-11(a)所示为反相积分器的输入,输出电压波形如图 13-11(b)所示,求电容 C 的值。

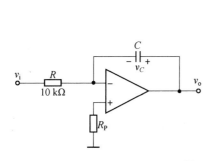

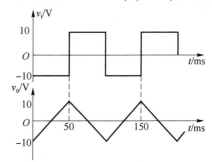

图 13-11　题 12 图

解： 由虚短路与虚开路

$$v_o = v_C = \frac{1}{C}\int i_C dt$$

$$i_C = i_i = \frac{v_i}{R}$$

$$v_o = \frac{1}{RC}\int v_i dt$$

解得电容 $C = 2.5\ \mu F$。

第十四章

数字逻辑基础

1. 将下列的二进制转换成对应的十进制。

（1）$(110010101)_B = (405)_D$

解：$1 \times 2^8 + 1 \times 2^7 + 1 \times 2^4 + 1 \times 2^2 + 1 \times 2^0 = 405$

（2）$(01101011)_B = (107)_D$

解：$1 \times 2^6 + 1 \times 2^5 + 1 \times 2^3 + 1 \times 2^1 + 1 \times 2^0 = 107$

（3）$(100101101)_B = (302)_D$

解：$1 \times 2^8 + 1 \times 2^5 + 1 \times 2^3 + 1 \times 2^2 + 1 \times 2^0 = 302$

2. 将下列的二进制转换成对应的十进制。

（1）$(1011.101)_B = (11.625)_D$

解：$1 \times 2^3 + 1 \times 2^1 + 1 \times 2^0 + 1 \times 2^{-1} + 1 \times 2^{-3} = 11.625$

（2）$(1111.1011)_B = (11.6875)_D$

解：$1 \times 2^3 + 1 \times 2^2 + 1 \times 2^1 + 1 \times 2^0 + 1 \times 2^{-1} + 1 \times 2^{-3} + 1 \times 2^{-4} = 11.6875$

（3）$(10010.1101)_B = (18.8125)_D$

解：$1 \times 2^4 + 1 \times 2^1 + 1 \times 2^{-1} + 1 \times 2^{-2} + 1 \times 2^{-4} = 18.8125$

3. 将下列的二进制转换成对应的八进制和十六进制。

解：（1）$(011011.010)_B = (33.2)_O$；

$(00011011.0100)_B = (1B.4)_H$。

（2）$(001 \quad 111 \quad 101 \quad 011.110 \quad 100)_B = (1753.64)_O$；

$(0011 \ 1110 \ 1011.1101)_B = (3EB.D)_H$。

（3）$(001 \quad 001 \quad 100.110 \quad 010)_B = (114.62)_O$；

$(0100 \quad 1100.1100 \quad 1000)_B = (4C.C8)_H$。

4. 将下列的十六进制转换成对应的八进制、十进制和二进制。

（1）8C；（2）3D.EF；（3）1 A7.C

解：（1）$(8C)_H = (214)_O = (140)_D = (10001100)_B$

（2）$(3D.EF)_H = (75.736)_O = (61.93)_D = (111101.11101111)_B$

（3）$(1A7.C)_H = (647.6)_O = (423.75)_D = (110100111.11)_B$

5. 将十进制转换成二进制、八进制和十六进制 8421BCD 码、2421、余 3 码

（1）346；（2）96；（3）257.8

解：（1）$(346)_D = (101011010)_B = (532)_O = (15A)_H = (001101000110)_{8421}$

$= (001101001100)_{2421} = (011001111001)_{余3码}$

（2）$(96)_D = (1100000)_B = (140)_O = (60)_H = (10010110)_{8421} = (11111100)_{2421} = (11001001)_{余3码}$

（3）$(257.8)_D = (100000001.11)_B = (401.6)_O = (101.C)_H = (001001010111.1000)_{8421}$

$= (001010111101.1110)_{2421} = (010110001010.1011)_{余3码}$

6. 利用基本公式和定律证明下列等式是成立的

（1）$ABC + A\bar{B}C + AB\bar{C} = AB + AC$

证明：左边 $= ABC + A\bar{B}C + ABC + AB\bar{C} = AC + AB = $ 右边

（2）$A\bar{B} + BD + DCE + \bar{A}D = A\bar{B} + D$

证明：左边 $= A\bar{B} + BD + DCE + \bar{A}D = A\bar{B} + BD + AD + DCE + \bar{A}D = A\bar{B} + BD + D + DCE$

$= A\bar{B} + BD + D = A\bar{B} + D = $ 右边

（3）$(A + B + C)(\bar{A} + \bar{B} + \bar{C}) = A\bar{B} + \bar{A}C + B\bar{C}$

证明：左边 $= (A + B + C)(\bar{A} + \bar{B} + \bar{C}) = \overline{m_0}\,\overline{m_7} = \overline{\overline{m_0}\,\overline{m_7}} = \overline{\overline{\overline{m_0}} + \overline{\overline{m_7}}} = \overline{\overline{m_0} + \overline{m_7}}$

$= m_1 + m_2 + m_3 + m_4 + m_5 + m_6$

右边 $= A\bar{B} + \bar{A}C + B\bar{C} = A\bar{B}(C + \bar{C}) + \bar{A}C(B + \bar{B}) + B\bar{C}(A + \bar{A})$

$= A\bar{B}C + A\bar{B}\,\bar{C} + \bar{A}BC + \bar{A}\,\bar{B}C + AB\bar{C} + \bar{A}B\bar{C} = m_5 + m_4 + m_3 + m_1 + m_6 + m_2$

得证。

7. 列出下列函数的真值表

（1）$A\bar{B} + BC + AC\bar{D}$

解：将输入变量所有的取值下对应的输出值找出来列成表格，即可得到真值表，如表14-1所示。

表 14-1　题 7(1) 表

A	B	C	D	Y	A	B	C	D	Y
0	0	0	0	0	1	0	0	0	0
0	0	0	1	0	1	0	0	1	0
0	0	1	0	0	1	0	1	0	1
0	0	1	1	0	1	0	1	1	0
0	1	0	0	0	1	1	0	0	0
0	1	0	1	0	1	1	0	1	0
0	1	1	0	1	1	1	1	0	1
0	1	1	1	1	1	1	1	1	1

（2）$\overline{ABCD} + B \oplus CD + AD$

解：将输入变量所有的取值下对应的输出值找出来列成表格，即可得到真值表，如表14-2所示。

原式 $= \bar{A}\,\bar{B}C\bar{D} + \overline{(B\bar{C} + \bar{B}C)}D + AD = \bar{A}\,\bar{B}C\bar{D} + (BC + \bar{B}\,\bar{C})D + AD$

$= \bar{A}\,\bar{B}C\bar{D} + BCD + \bar{B}\,\bar{C}D + AD$

表 14-2　题 7（2）表

A	B	C	D	Y	A	B	C	D	Y
0	0	0	0	0	1	0	0	0	0
0	0	0	1	1	1	0	0	1	1
0	0	1	0	1	1	0	1	0	0
0	0	1	1	0	1	0	1	1	1
0	1	0	0	0	1	1	0	0	0
0	1	0	1	0	1	1	0	1	1
0	1	1	0	0	1	1	1	0	0
0	1	1	1	1	1	1	1	1	1

8. 如图 14-1 所示,写出逻辑电路图的逻辑表达式。

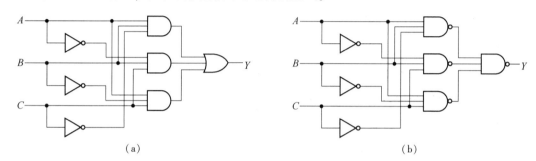

（a）　　　　　　　　　　　　（b）

图 14-1　题 8 图

解:（1）图 14-1（a）中从输入端到输出端逐级写出每个图形符号对应的逻辑式,即可得到对应的逻辑式。

$$Y = ABC' + A'BC + AB'C$$

（2）图 14-1（b）中从输入端到输出端逐级写出每个图形符号对应的逻辑式,即可得到对应的逻辑式。

$$Y = \left[(ABC')'(A'BC)'(AB'C)'\right]' = ABC' + A'BC + AB'C$$

9. 如表 14-3 所示,写出真值表对应的逻辑表达式。

表 14-3　题 9 表

输入			输出
A	B	C	Y
0	0	0	1
0	0	1	0
0	1	0	0
0	1	1	0
1	0	0	0
1	0	1	0
1	1	0	0
1	1	1	1

解：(1)找出真值表中使逻辑函数为1的那些输入变量取值的组合。

(2)每组输入变量取值的组合对应一个乘积项,其中取值为1的写入原变量,取值为0的写入反变量。

(3)将这些乘积项相加,即得输出的逻辑函数式为

$$Y = ABC + A'B'C'$$

10. 把下列逻辑表达式转换成最小项表达式。

(1) $Y = A + B + CD$

解：利用公式 $A+A'=1$ 可将任何一个函数化为 $\sum m_i$

$A + B + CD$

$= A(B + B') + B(A + A') + CD(A + A')$

$= AB + AB' + A'B + ACD + A'CD$

$= AB(C + C') + AB'(C + C') + A'B(C + C') + ACD(B + B') + A'CD(B + B')$

$= ABC + ABC' + AB'C + AB'C' + A'BC + A'BC' + ABCD + AB'CD + A'BCD + A'B'CD$

$= ABC(D + D') + ABC'(D + D') + AB'C(D + D') + AB'C'(D + D') + A'BC(D + D') +$
$\quad A'BC'(D + D') + ABCD + AB'CD + A'BCD + A'B'CD$

$= ABCD + ABCD' + ABC'D + ABC'D' + AB'CD + AB'CD' + AB'C'D + AB'C'D' + A'BCD +$
$\quad A'BCD' + A'BC'D + A'BC'D' + ABCD + AB'CD + A'BCD + A'B'CD$

利用重叠律合并,得

$$Y(A,B,C,D) = \sum m(3,4,5,6,7,8,9,10,11,12,13,14,15)$$

(2) $Y = ABCD + A\overline{B}C\overline{D} + AB\overline{C}$

解：利用公式 $A+A'=1$ 可将任何一个函数化为 $\sum m_i$

$Y = ABCD + A\overline{B}C\overline{D} + AB\overline{C}(D + \overline{D}) = ABCD + A\overline{B}C\overline{D} + AB\overline{C}D + AB\overline{C}\overline{D}$

$$Y(A,B,C,D) = \sum m(10,12,13,15)$$

(3) $Y = A\overline{B}C + \overline{A}C + BC$

解：利用公式 $A+A'=1$ 可将任何一个函数化为 $\sum m_i$

$Y = A\overline{B}C(D + \overline{D}) + \overline{A}C(B + \overline{B}) + BC(A + \overline{A})$

$\quad = A\overline{B}CD + A\overline{B}C\overline{D} + \overline{A}BC + \overline{A}\,\overline{B}C + ABC + \overline{A}BC$

$\quad = A\overline{B}CD + A\overline{B}C\overline{D} + \overline{A}BC(D + \overline{D}) + \overline{A}\,\overline{B}C(D + \overline{D}) + ABC(D + \overline{D}) + \overline{A}BC(D + \overline{D})$

$\quad = A\overline{B}CD + A\overline{B}C\overline{D} + \overline{A}BCD + \overline{A}BC\overline{D} + \overline{A}\,\overline{B}CD + \overline{A}\,\overline{B}C\overline{D} + ABCD + ABC\overline{D} + \overline{A}BCD + \overline{A}BC\overline{D}$

$\quad = \sum m(2,3,6,7,10,11,14,15)$

11. 把下列逻辑表达式转换成与非–与非式。

(1) $AB + AC + BC$

解：原式 $= \overline{\overline{AB + AC + AB}} = \overline{\overline{AB} \cdot \overline{AC} \cdot \overline{AB}}$

(2) $\overline{A}BC + A\overline{B}C + AB\overline{C}$

解：原式 $= \overline{\overline{\overline{A}BC + A\overline{B}C + AB\overline{C}}} = \overline{\overline{\overline{A}BC} \cdot \overline{A\overline{B}C} \cdot \overline{AB\overline{C}}}$

12. 利用公式法化简下列逻辑表达式。

（1）$Y = ABC + B\overline{C} + \overline{A}BC$

解：$Y = ABC + B\overline{C} + \overline{A}BC$

$= ABC + B\overline{C} + \overline{A}BC + ABC$

$= B(AC + \overline{C}) + BC$

$= B(A + \overline{C}) + BC$

$= AB + B\overline{C} + BC$

$= AB + B$

$= B$

（2）$Y = ABC + AB + A\overline{C}$

解：$Y = ABC + AB + A\overline{C}$

$= A(BC + B + \overline{C})$

$= A(B + C + \overline{C})$

$= A$

（3）$Y = AC + B\overline{C} + \overline{A}B$

解：$Y = AC + B\overline{C} + \overline{A}B$

$= AC + B\overline{C} + AB + \overline{A}B$

$= AC + B\overline{C} + B$

$= AC + B$

（4）$Y = ABC + ABD + A\overline{B}EF + A$

解：$Y = ABC + ABD + A\overline{B}EF + A$

$= A(BC + BD + \overline{B}EF + 1)$

$= A \cdot 1$

$= A$

（5）$Y = A\overline{B}C + \overline{A} + B + \overline{C}$

解：$Y = A\overline{B}C + \overline{A} + B + \overline{C}$

$= A\overline{B}C + \overline{A\overline{B}C}$

$= 1$

（6）$Y = ABC + A\overline{C} + AC\overline{D} + CD$

解：$Y = AB + A\overline{C} + AC\overline{D} + CD$

$= AB + A(\overline{C} + C\overline{D}) + CD$

$= AB + A(\overline{C} + \overline{D}) + CD$

$= AB + A\overline{CD} + CD$

$= AB + A + CD$

$= A + CD$

13. 利用卡诺图法化简下列逻辑表达式

（1）$Y = \overline{A}BC + A\overline{B}\,\overline{C} + A\overline{B}C + AB\overline{C}$。

解：画出卡诺图，如图 14-2 所示，则可化简得 $Y = AB' + AC' + A'BC$。

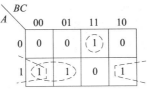

图 14-2　卡诺图

（2）$Y = A\overline{B}C + BC + \overline{A}BCD$

解：画出卡诺图，如图 14-3 所示，则可化简得 $Y = A'BD + BC + AC$。

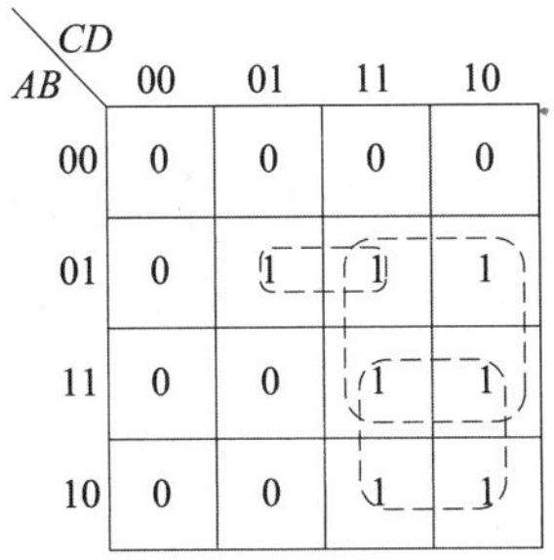

AB\CD	00	01	11	10
00	0	0	0	0
01	0	1	1	1
11	0	0	1	1
10	0	0	1	1

图 14-3　卡诺图

（3）$Y = A\overline{B} + \overline{C}\,\overline{D} + \overline{A}C + D$

解：画出卡诺图，如图 14-4 所示，则可化简得 $Y = A' + B' + C' + D$。

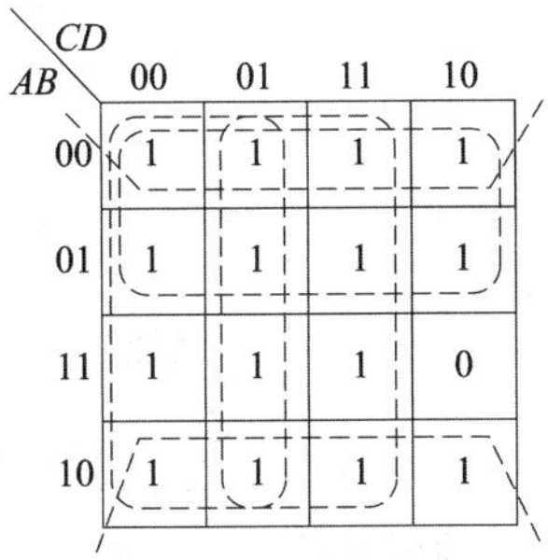

AB\CD	00	01	11	10
00	1	1	1	1
01	1	1	1	1
11	1	1	1	0
10	1	1	1	1

图 14-4　卡诺图

（4）$Y = \overline{A}\,\overline{B}\,\overline{C}\overline{D} + \overline{A}\,\overline{B}CD + \overline{A}BC\overline{D} + A\overline{B}\,\overline{C}\,\overline{D} + A\overline{B}C\overline{D} + ABCD$

解：画出卡诺图，如图 14-5 所示，则可化简得 $Y = B'D' + ABCD + A'BC'D$。

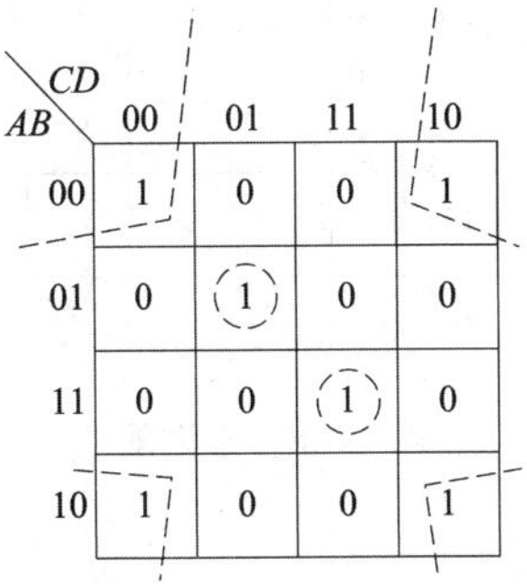

AB\CD	00	01	11	10
00	1	0	0	1
01	0	1	0	0
11	0	0	1	0
10	1	0	0	1

图 14-5　卡诺图

（5）$Y(A,B,C,D) = \sum m(0,1,2,5,8,9,10,12,13)$

解： 画出卡诺图，如图 14-6 所示，则可化简得 $Y = B'D' + C'D + AC'$。

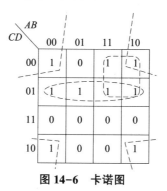

图 14-6　卡诺图

（6）$Y(A,B,C,D) = \sum m(0,2,4,5,7,13) + \sum d(8,9,10,11,14,15)$

解： 画出卡诺图，如图 14-7 所示，则可化简得 $Y = B'D' + BD + A'BC'$ 或 $B'D' + BD + A'C'D'$。

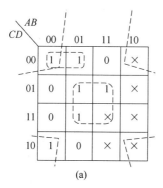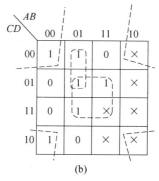

(a)　　　　　　　　　　　(b)

图 14-7　卡诺图

（7）$Y(A,B,C,D) = \sum m(0,1,2,3,6,8) + \sum d(10,11,12,13,14,15)$

解： 画出卡诺图，如图 14-8 所示，则可化简得 $Y = B'D' + A'B' + CD'$。

图 14-8　卡诺图

(8) $Y(A,B,C,D) = \sum m(0,1,2,3,4,6,8,9,10,11,14)$

解: 画出卡诺图,如图 14-9 所示,则可化简得 $Y = B' + CD' + A'D'$。

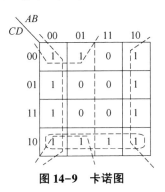

图 14-9　卡诺图

(9) $Y(A,B,C) = \sum m(0,1,2,4) + \sum d(5,6)$

解: 画出卡诺图,如图 14-10 所示,则可化简得 $Y = B' + C'$。

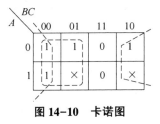

图 14-10　卡诺图

(10) $Y(A,B,C,D) = \sum m(3,5,6,7,10) + \sum d(0,1,2,4,8)$

解: 画出卡诺图,如图 14-11 所示,则可化简得 $Y = A' + CD'$。

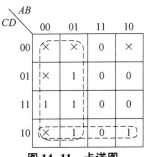

图 14-11　卡诺图

第十五章

组合逻辑电路

一、选择填空题

1. 组合逻辑电路的特点是任意时刻的输出状态仅取决于该时刻的输入状态,而与信号作用前电路的状态无关。

2. 组合逻辑电路在结构上不存在输出到输入的存储,因此原来状态不影响现在状态。

3. 若在编码器中有 50 个编码对象,则要求输出二进制代码位数为 6 位。

4. 一个 16 选 1 的数据选择器,其地址输入(选择控制输入)端有 4 个。

5. 4 选 1 数据选择器的数据输出 Y 与数据输入 X_i 和地址码 A_i 之间的逻辑表达式为 $Y = \underline{A}$。

   A. $\overline{A_1}\,\overline{A_0}X_0 + \overline{A_1}A_0X_1 + A_1\overline{A_0}X_2 + A_1A_0X_3$

   B. $\overline{A_1}\,\overline{A_0}X_0$

   C. $\overline{A_1}A_0X_1$

   D. $A_1A_0X_3$

6. 一个 8 选 1 数据选择器的数据输入端有 8 个。

7. 8 路数据分配器,其地址输入端有 3 个。

8. 组合逻辑电路消除竞争冒险的方法有 AB。

   A. 修改逻辑设计　　　B. 在输出端接入滤波电容

   C. 后级加缓冲电路　　D. 屏蔽输入信号的尖峰干扰

9. 下列表达式中不存在竞争冒险的有 D。

   A. $Y = \overline{B} + AB$　　B. $Y = AB + \overline{B}C$　　C. $Y = AB\overline{C} + \overline{A}B$　　D. $Y = (A + \overline{B})A\overline{D}$

二、计算题

1. 用红、黄、绿三个指示灯表示三台设备的工作情况:绿灯亮表示全部正常;红灯亮表示有一台不正常;黄灯亮表示有两台不正常;红、黄灯全亮表示三台都不正常。列出控制电路真值表,并选出合适的集成电路来实现。

   解:设红黄绿三个指示灯为 R、S、G(0 表示灯灭,1 表示灯亮),3 台设备分别为 A、B、C(0 表示正常,1 表示不正常),根据题意列出真值表,如表 15-1 所示。

表 15-1　真值表

A	B	C	R	S	G
0	0	0	0	0	1
0	0	1	1	0	0
0	1	0	1	0	0
0	1	1	0	1	0
1	0	0	1	0	0
1	0	1	0	1	0
1	1	0	0	1	0
1	1	1	1	1	0

$R = A'B'C + A'BC' + AB'C' + ABC$

$S = A'BC + AB'C + ABC' + ABC = AC + BC + AB$

$G = A'B'C'$

根据 A、B、C 的逻辑关系,用与或非三种基本的逻辑门画出逻辑电路图即可。

2. 用 8 选 1 数据选择器实现下列函数:

(1) $F(A,B,C,D) = \sum(0,4,5,8,12,13,14)$

(2) $F(A,B,C,D) = \sum(0,3,5,8,11,14) + \sum \Phi(1,6,12,13)$

解:(1)因为需要利用 8 选 1 数据选择器来实现,所以把表达式转换成含有 A、B、C 的最小项之和

$F(A,B,C,D) = A'BC' + ABC' + ABCD' + A'B'C'D' + AB'C'D'$,由上式可得,不存在的最小项系数为 0,所以

$D_2 = D_6 = 1$

$D_7 = D_0 = D_4 = D'$

$D_3 = D_1 = D_5 = 0$

(2)因为需要利用 8 选 1 数据选择器来实现,所以把表达式转换成含有 D、B、C 的最小项之和(以 D、B、C 作为地址输入)

$$F(A,B,C,D) = B'C'D' + BC'D + B'CD + BCD'$$

由上式可得,不存在的最小项系数为 0,所以

$$D_0 = D_5 = D_3 = D_6 = 1$$

$$D_1 = D_2 = D_4 = D_7 = 0$$

3. 用两片双 4 选 1 数据选择器和与非门实现循环码至 8421BCD 码转换。

解:函数真值表如表 15-2 所示。

表 15-2　函数真值表

A	B	C	D	W	X	Y	Z
0	0	0	0	0	0	0	0
0	0	0	1	0	0	0	1
0	0	1	1	0	0	1	0
0	0	1	0	0	0	1	1
0	1	1	0	0	1	0	0
0	1	1	1	0	1	0	1
0	1	0	1	0	1	1	0
0	1	0	0	0	1	1	1
1	1	0	0	1	0	0	0
1	1	0	1	1	0	0	1
1	1	1	1	×	×××	×	×
1	1	1	0	×	×××	×	×
1	0	1	0	×	×××	×	×
1	0	1	1	×	×××	×	×
1	0	0	1	×	×××	×	×
1	0	0	0	×	×××	×	×

卡诺图如图 15-1 所示。

CD AB	00	01	11	10
00	0000	0001	0010	0011
01	0111	0110	0101	0100
11	1000	1001	×	×
10	×	×	×	×

图 15-1　卡诺图

$$W = BC'D'$$
$$X = AB'D' + BCD'$$
$$Y = A'B'C + AB'D$$
$$Z = A'B(C'D + CD') + C'D'(A'B + AB') + ABCD'$$

4. 设计二进制码/格雷码转换器。输入为二进制码 $B_3B_2B_1B_0$，输出为格雷码，EN 为使能端，$EN = 0$ 时执行二进制码→格雷码转换；$EN = 1$ 时输出为高阻。

解：由题意得，输入为二进制码 $B_3B_2B_1B_0$，输出为格雷码，输出端设置为 $A_3A_2A_1A_0$，根据题意可得真值表，如表 15-3 所示。

表 15-3 真值表

EN	B_3	B_2	B_1	B_0	A_3	A_2	A_1	A_0
1	X	X	X	X	1	1	1	1
0	0	0	0	0	0	0	0	0
0	0	0	0	1	0	0	0	1
0	0	0	1	0	0	0	1	1
0	0	0	1	1	0	0	1	0
0	0	1	0	0	0	1	1	0
0	0	1	0	1	0	1	1	1
0	0	1	1	0	0	1	0	1
0	0	1	1	1	0	1	0	0
0	1	0	0	0	1	1	0	0
0	1	0	0	1	1	1	0	1
0	1	0	1	0	1	1	1	1
0	1	0	1	1	1	1	1	0
0	1	1	0	0	1	0	1	0
0	1	1	0	1	1	0	1	1
0	1	1	1	0	1	0	0	1
0	1	1	1	1	1	0	0	0

由真值表得出表达式并化简得：

$$A_3 = B_3 \cdot EN'$$
$$A_2 = B_2 \cdot EN'$$
$$A_1 = (B_3'B_2' + B_3B_2B_1' + B_3B_2'B_1) \cdot EN'$$
$$A_0 = (B_1'B_0 + B_1B_0') \cdot EN'$$

5. 设计一个血型配比指示器。输血时供血者和受血者的血型配对情况如图 15-2 所示。要求供血者血型和受血者血型符合要求时绿灯亮；反之，红灯亮。

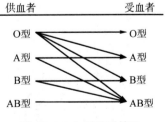

供血者　　　　　受血者

O型　　　　　　O型

A型　　　　　　A型

B型　　　　　　B型

AB型　　　　　AB型

图 15-2 血型配对情况

解：人的血型有 A，B，AB，O 四种，刚好可以用两个逻辑变量表示，在这里我们不妨设 00 代表血型 A，01 代表血型 B，10 代表血型 AB，11 代表血型 O。由于我们是要来判断两个血型是否匹配，则需要我们用四个逻辑变量，通过对四个逻辑变量进行逻辑设计，从而得到所需要的电路。

若把输血者血型用逻辑变量 BA 表示，受血者血型用逻辑变量 DC 表示，则得到能否匹配的卡诺图，如图 15-3 所示。其中匹配用 1 表示，不匹配用 0 表示：

BA \ DC	00	01	11	10
00	1	0	0	1
01	0	1	0	1
11	1	1	1	1
10	0	0	0	1

图 15-3　卡诺图

利用 8 选 1 数据选择器来实现，8 选 1 数据选择器只有 8 个数据输入端，这就必须有一个逻辑变量接到数据输入端，我们不妨把 D 放到数据输入端，于是可得到：$D_0 = 1, D_1 = D, D_2 = D, D_3 = 1, D_4 = 0, D_5 = D', D_6 = 0, D_7 = 1$。

第十六章

时序逻辑电路

1. 如图 16-1 所示，画出锁存器输出端 Q 和 Q' 的工作波形。

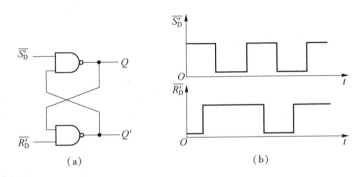

（a）　　　　　　　　（b）

图 16-1　题 1 图

解：根据与非门构成电路的真值表，如表 16-1 所示，画出锁存器输出端 Q 和 Q' 的工作波形。

表 16-1　真值表

$\overline{S_D'}$	$\overline{R_D'}$	Q	Q^*
0	0	0	1
0	0	1	1
0	1	0	1
0	1	1	1
1	0	0	0
1	0	1	0
1	1	0	0
1	1	1	1

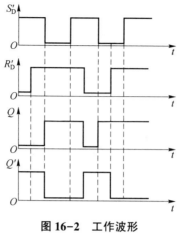

图 16-2 工作波形

2. 如图 16-3 所示，画出主从 RS 触发器输出端 Q 和 $\overline{Q'}$ 的工作波形。

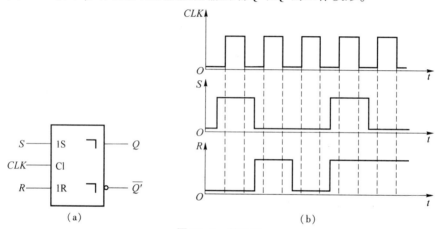

图 16-3 题 2 图

(a) RS 触发器；(b) 工作波形

解：主从 RS 触发器要求每个 CLK 周期输出状态只能改变 1 次。则根据真值表（表 16-2），画出 RS 触发器输出端 Q 和 $\overline{Q}$ 的工作波形，如图 16-4 所示。

表 16-2 真值表

CLK	S	R	Q	Q^*
×	×	×	×	Q^n
⎍	0	0	0	0
⎍	0	0	1	1
⎍	1	0	0	1
⎍	1	0	1	1
⎍	0	1	0	0
⎍	0	1	1	0
⎍	1	1	0	1^*
⎍	1	1	1	1^*

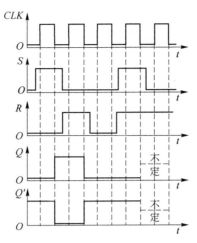

图 16-4 工作波形

3. 如图 16-5 所示，画出主从 JK 触发器输出端 Q 和 $\overline{Q}'$ 的工作波形。

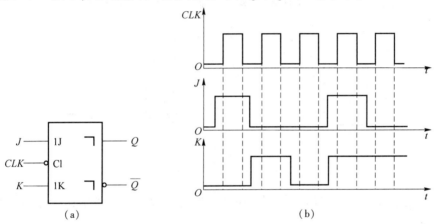

图 16-5 JK 触发器及工作波形

（a）JK 触发器；（b）工作波形

解：假设 Q 的初始状态为 0，根据主从 JK 触发器的真值表（表 16-3），画出波形图，如图 16-6 所示。

表 16-3 真值表

CLK	J	K	Q	Q^*
×	×	×	×	Q^*
⊓⌐	0	0	0	0
⊓⌐	0	0	1	1
⊓⌐	1	0	0	1
⊓⌐	1	0	1	1
⊓⌐	0	1	0	0
⊓⌐	0	1	1	0
⊓⌐	1	1	0	1
⊓⌐	1	1	1	0

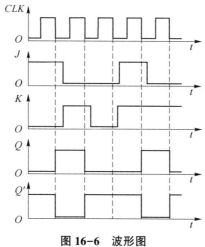

图 16-6　波形图

4. 如图 16-7 所示，画出边沿 D 触发器输出端 Q 和 Q' 的工作波形。

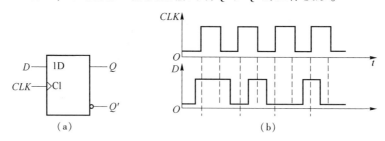

图 16-7　题 4 图

解：根据边沿 D 触发器的真值表（表 16-4），画出边沿 D 触发器输出端 Q 和 $\overline{Q'}$ 的工作波形，如图 16-8 所示。

表 16-4　真值表

CLK	D	Q	Q^*
×	×	×	Q
↗	0	×	0
↗	1	×	1

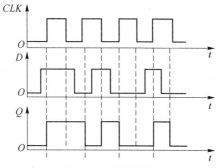

图 16-8　工作波形

5. 如图 16-9 所示,画出边沿 JK 触发器输出端 Q 和 Q' 的工作波形。

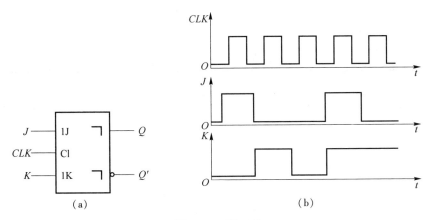

图 16-9 题 5 图

解: 图 16-9(a)所示为上升沿触发的 JK 触发器,画出输出端的工作波形,如图 16-10 所示。

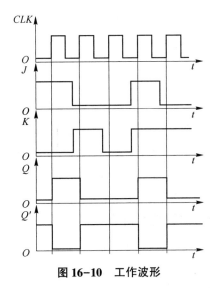

图 16-10 工作波形

6. 如图 16-11 所示,画出边沿 T 触发器输出端 Q 和 Q' 的工作波形。

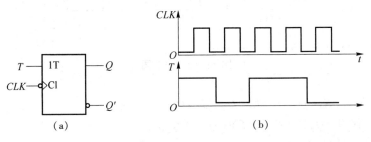

图 16-11 题 6 图

解：凡在时钟信号作用下，具有如下功能的触发器。

根据边沿 T 触发器的真值表（表 16-5），画出边沿 T 触发器输出端的工作波形，如图 16-12 所示。

表 16-5　真值表

T	Q	$Q*$
0	0	0
0	1	0
1	0	1
1	1	0

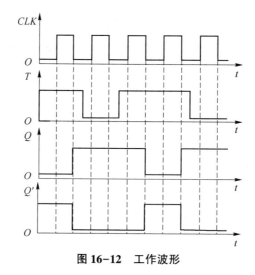

图 16-12　工作波形

7. 如图 16-13 所示，分析时序逻辑电路的功能，并列出驱动方程、状态转换方程、状态转换图。

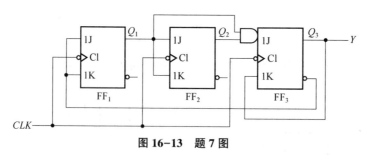

图 16-13　题 7 图

解：驱动方程 $J_1 = K_1 = Q'$　$J_2 = K_2 = Q_1$　$J_3 = Q_1 Q_2$　$K_3 = Q_3$

状态转换方程 $Q_1^* = Q_1 \odot Q_3$ $Q_2^* = Q_1 \oplus Q_2$ $Q_2^* = Q_1 Q_2 Q_3'$

状态转换图如图 16-14 所示。

所以这是一个五进制计数器。

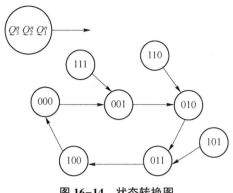

图 16-14　状态转换图

8. 如图 16-15 所示,分析时序逻辑电路的功能,并列出驱动方程、状态转换方程、状态转换图。

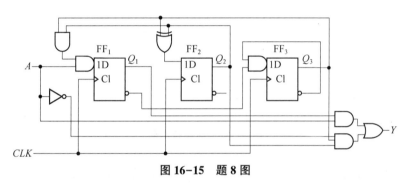

图 16-15　题 8 图

解: 由给出的逻辑图得到电路的驱动方程组为

$$\begin{cases} D_1 = AQ_2Q_3 \\ D_2 = Q_2 \oplus Q_3 \\ D_3 = Q_1'Q_3' \end{cases}$$

将上式代入 D 触发器的特性方程后得到

$$\begin{cases} Q_1^* = AQ_2Q_3 \\ Q_2^* = Q_2 \oplus Q_3 \\ Q_3^* = Q_1'Q_3' \end{cases}$$

由图 16-15 写出输出方程为

$$Y = AQ_1 + A'Q_2Q_3$$

根据上式分别计算出当 $A=1$ 和 $A=0$ 时,$Q_1Q_2Q_3$ 的次态 $Q_1^*Q_2^*Q_3^*$ 和现态下的输出 Y,然后列表,就得到了状态转换表,如表 16-6 所示。将状态转换表的内容画成状态转换图,就得到了状态转换图,如图 16-16 所示。

表 16-6　状态转换表

$Q_1^* Q_2^* Q_3^* / Y$ ＼ $Q_1 Q_2 Q_3$ ＼ A	000	001	010	011	100	101	110	111
0	001/0	010/0	011/0	000/1	000/0	010/0	010/0	000/1
1	001/0	010/0	011/0	100/0	000/1	010/1	010/1	100/1

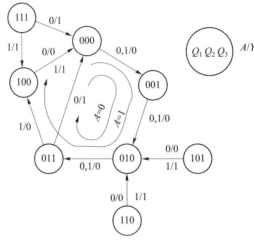

图 16-16　状态转换图

从状态转换图可以看出，当 $A=1$ 时，电路可作为五进制计数器用；当 $A=0$ 时，该电路可作为四进制计数器使用。而且，无论在 $A=1$ 还是在 $A=0$ 状态下，这个电路都能自启动（即在时钟信号操作下自动进入有效循环中去）。

9. 如图 16-17 所示，分析时序逻辑电路的功能，并列出驱动方程、状态转换方程、状态转换图。

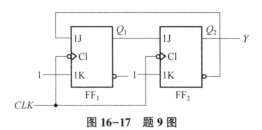

图 16-17　题 9 图

驱动方程 $J_1=Q_2'$, $K_1=1$ $J_2=Q_1$, $K_2=1$

状态转换方程 $Q_1^*=Q_1'Q_2'$ $Q_2^*=Q_1Q_2'$

输出方程 $Y=Q_2$

状态转换图如图 16-18 所示。

所以是三进制计数器。

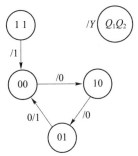

图 16-18　状态转换图

10. 如图 16-19 所示,分析时序逻辑电路的功能,并列出驱动方程、状态转换方程、状态转换图。

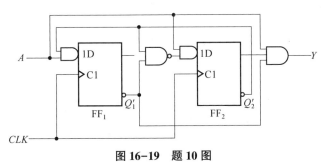

图 16-19　题 10 图

解:首先从电路图写出它的驱动方程

$$\begin{cases} D_1 = AQ_2' \\ D_2 = A(Q_1'Q_2')' = A(Q_1+Q_2) \end{cases}$$

将上式代入 D 触发器的特性方程后得到电路的状态方程

$$\begin{cases} Q_1^* = AQ_2' \\ Q_2^* = A(Q_1+Q_2) \end{cases}$$

电路的输出方程为

$$Y = AQ_1'Q_2$$

根据状态方程和输出方程画出的状态转换图,如图 16-20 所示。

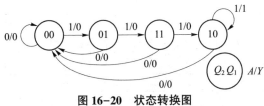

图 16-20　状态转换图

11.如图 16-21 所示,分析时序逻辑电路的功能,并列出驱动方程,状态转换方程,状态转换图。

解:由电路图写出驱动方程为

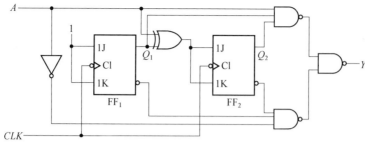

图 16-21　题 11 图

$$\begin{cases} J_1 = K_1 = 1 \\ J_2 = K_2 = A \oplus Q_1 \end{cases}$$

将上述驱动方程代入 JK 触发器的特性方程,得到状态方程

$$\begin{cases} Q_1^* = Q_1' \\ Q_2^* = A \oplus Q_1 \oplus Q_2 \end{cases}$$

输出方程为

$$Y = AQ_1Q_2 + A'Q_1'Q_2'$$

根据状态方程和输出方程画出状态转换图,如图 16-22 所示。

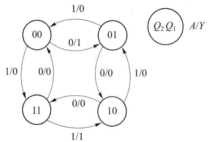

图 16-22　状态转换图

当 $A = 0$ 时电路对 CLK 脉冲做二进制加法计数,当 $A = 1$ 时做二进制减法计数。

12. 如图 16-23 所示,试用 74LS194A 构成 16 位的双向移位寄存器。

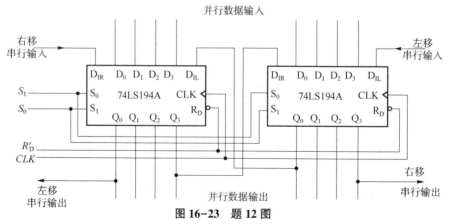

图 16-23　题 12 图

解:用 74LS194A 构成 16 位双向移位寄存器如图 16-24 所示。

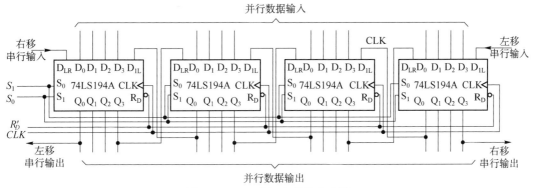

图 16-24 16 位双向移位寄存器

13. 如图 16-25 所示,电路结构中假设两个移位寄存器的初始值分别是 $A_3A_2A_1A_0 = 1001$, $B_3B_2B_1B_0 = 0011$, $CI = 0$, 请问:经过 4 个 CLK 信号后两个寄存器中的数据是多少?该电路的功能是什么?

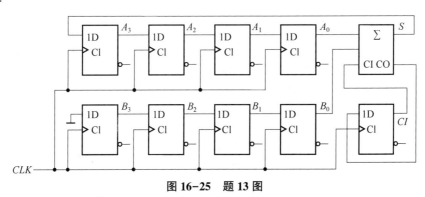

图 16-25 题 13 图

解:经过 4 个时钟信号作用以后,两个寄存器里的数据分别为 $A_3A_2A_1A_0 = 1100$, $B_3B_2B_1B_0 = 0000$,这是一个 4 位串行加法器电路。

上面移位寄存器的数据是 1100,下面是 0000,该电路实现的是 4 位二进制求和的功能。

14. 如图 16-26 所示,分析电路结构图是几进制的计数器?并画出状态转换图。

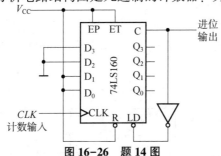

图 16-26 题 14 图

解:该电路图是七进制计数器,从 0011 计数到 1001,再回到 0011。

15. 如图 16-27 所示,分析电路结构图是几进制的计数器?并画出状态转换图。

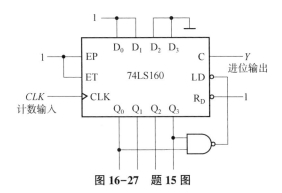

图 16-27   题 15 图

解:图 16-27 所示为采用同步置数法接成的七进制计数器。当计数器计成 1001（9）状态时,LD' 变成低电位。待下一个 CLK 脉冲到来时,将电路置成 $Q_3Q_2Q_1Q_0 = 0011$（3）,然后再从 3 开始做加法计数。在 CLK 连续作用下,电路将在 0011~1001 这七个状态间循环,故电路为七进制计数器。

16. 试用 74LS161 构成十三进制计数器。

解:此题有多种可行的方案。例如可采用同步置数法,在电路计成 $Q_3Q_2Q_1Q_0 = 1100$（十二）后译出 $LD' = 0$ 信号,并在下一个 CLK 信号到达时置入 0000 就得到了十三进制计数器,如图 16-28 所示。

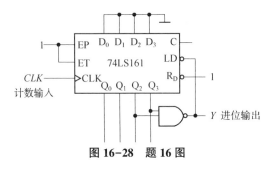

图 16-28   题 16 图

17.试用 74LS160 构成六进制计数器。

解:此题有多种可行的方案。例如可采用同步置数法,在电路计成 $Q_3Q_2Q_1Q_0 = 0101$（五）后译出 $LD' = 0$ 信号,并在下一个 CLK 信号到达时置入 0000 就得到了六进制计数器,如图 16-29 所示。

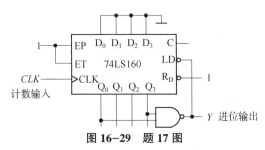

图 16-29   题 17 图

18.试分别用 74LS160 和 74LS161 构成八进制计数器。

解：此题有多种可行的方案。例如可采用同步置数法，在电路计成 $Q_3Q_2Q_1Q_0=0111$（七）后译出 $LD'=0$ 信号，并在下一个 CLK 信号到达时置入 0000 就得到了八进制计数器，如图 16-30 所示。

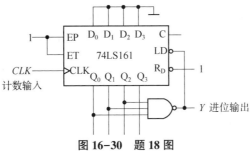

图 16-30　题 18 图

题 16、题 17、题 18 根据列出状态转换图不同，对应有不同电路结构，没有唯一标准答案。

19. 如图 16-31 所示，分析电路结构图，当 A 的取值不同时分别是几进制的计数器？并画出状态转换图。

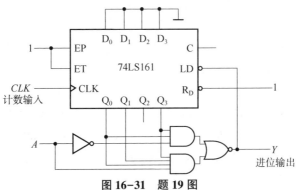

图 16-31　题 19 图

解：这是用同步置数法接成的可控进制计数器。在 $A=1$ 的情况下，计数器计为 $Q_3Q_2Q_1Q_0=1011$（十一）后给出 $LD'=0$ 信号，下一个 CLK 脉冲到来时计数器被置成 $Q_3Q_2Q_1Q_0=0000$ 状态，所以是十二进制计数器。在 $A=0$ 的情况下，计数器计为 1001 时给出 $LD'=0$ 信号，下一个 CLK 脉冲到来时计数器被置零，所以是十进制计数器。

20. 如图 16-32 所示，分析电路结构图是几进制的计数器？该电路的分频比是多少？

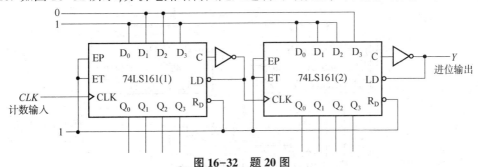

图 16-32　题 20 图

解：第（1）片 74LS161 是采用置数法接成的七进制计数器。每当计数器状态进入 $Q_3Q_2Q_1Q_0 = 1111$（十五）时译出 $LD' = 0$ 信号，置入 $D_3D_2D_1D_0 = 1001$（九），所以是七进制计数器。

第（2）片 74LS16l 是采用置数法接成的九进制计数器。当计数器状态进入 $Q_3Q_2Q_1Q_0 = 1111$（十五）时译出 $LD' = 0$ 信号，置入 $D_3D_2D_1D_0 = 0111$（七），所以是九进制计数器。

两片 74LS161 之间采用了串行连接方式，构成 $7 \times 9 = 63$ 进制计数器，故 Y 与 CLK 的频率之比为 1 63。

21. 如图 16-33 所示，分析电路结构图是几进制的计数器？该电路的分频比是多少？

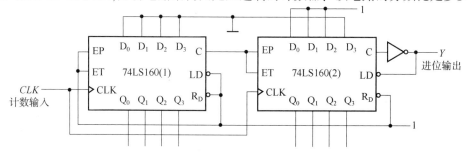

图 16-33　题 21 图

解：第（1）片 74LS160 工作在十进制计数状态，第（2）片 74LS160 采用置数法接成三进制计数器，两片之间是十进制。

若起始状态第（1）片和第（2）片 74LS160 的 $Q_3Q_2Q_1Q_0$ 分别为 0001 和 0111，则输入 19 个 CLK 信号以后第（1）片变为 0000 状态，第（2）片接收了两个进位信号以后变为 1001 状态，并使第（2）片的 $LD' = 0$。第 20 个 CLK 信号到达以后，第（1）片计成 0001，第（2）片被置为 0111，于是返回到了起始状态，所以这是二十进制计数器。

22. 试用 74LS160 构成二十九进制计数器。

解：这是采用整体置数法接成的计数器。

在出现 $LD' = 0$ 信号以前，两片 74LS161 均按十六进制计数。即第（1）片到第（2）片为十六进制。当第（1）片计为 12，第（2）片计为 1 时产生 $LD' = 0$ 信号，待下一个 CLK 信号到达后两片 74LS161 同时被置零，总的进制为

$$1 \times 16 + 12 + 1 = 29$$

故为二十九进制计数器，如图 16-34 所示。

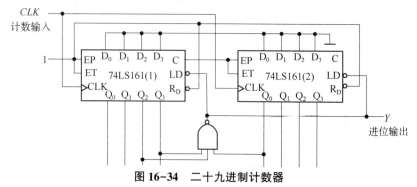

图 16-34　二十九进制计数器

23. 设计一个序列发生器能周期性的产生序列"1100010110"(提示数据选择器和计数器的综合应用)。

若十进制计数器选用 74LS160,则可列出在 CLK 连续作用下计数器状态 $Q_3Q_2Q_1Q_0$ 与要求产生的输出 Z 之间关系的真值表,如表 16-7 所示。

表 16-7 真值表

CLK 顺序	Q_3	Q_2	Q_1	Q_0	Z
0	0	0	0	0	1
1	0	0	0	1	1
2	0	0	1	0	0
3	0	0	1	1	0
4	0	1	0	0	0
5	0	1	0	1	1
6	0	1	1	0	0
7	0	1	1	1	1
8	1	0	0	0	1
9	1	0	0	1	0

若取用 8 选 1 数据选择器 74HC151,则它的输出逻辑式可写为

$$Y = D_0(A_2'A_1'A_0') + D_1(A_2'A'A_0) + D_2(A_2'A_1A_0') + D_3(A_2'A_1A_0) +$$
$$D_4(A_2A_1'A_0') + D_5(A_2A'A_0) + D_6(A_2A_1A_0') + D_7(A_2A_1A_0)$$
$$Z = Q_3'(Q_2'Q_1'Q_0') + Q_3'(Q_2'Q_1'Q_0) + Q_3'(Q_2Q_1'Q_0) + Q_3'(Q_2Q_1Q_0) + Q_3(Q_2'Q_1'Q_0')$$
$$= Q_2'Q_1'Q_0' + Q_3'(Q_2'Q_1'Q_0) + Q_3'(Q_2Q_1'Q_0) + Q_3'(Q_2Q_1Q_0)$$

令 $A_2 = Q_2, A_1 = Q_1, A_0 = Q_0, D_0 = 1, D_1 = D_2 = D_7 = Q_3'$,设计的序列发生器如图 16-35 所示。

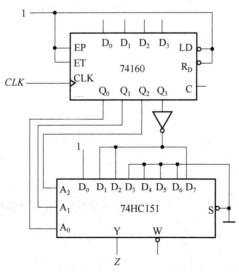

图 16-35 序列发生器

24. 试用 JK 触发器设计一个十进制的计数器。

解: 其真值表如表 16-8 和表 16-9 所示。

表 16-8　真值表

计数脉冲 CP 的顺序	现态				次态			
	Q_3	Q_2	Q_1	Q_0	Q_3^*	Q_2^*	Q_1^*	Q_0^*
0	0	0	0	0	0	0	0	1
1	0	0	0	1	0	0	1	0
2	0	0	1	0	0	0	1	1
3	0	0	1	1	0	1	0	0
4	0	1	0	0	0	1	0	1
5	0	1	0	1	0	1	1	0
6	0	1	1	0	0	1	1	1
7	0	1	1	1	1	0	0	0
8	1	0	0	0	1	0	0	1
9	1	0	0	1	0	0	0	0

根据真值表画出各触发器激励信号的卡诺图,如图 16-36~图 16-40 所示。

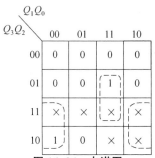

$$Q_3^* = Q_3 \overline{Q_0} + Q_2 Q_1 Q_0$$

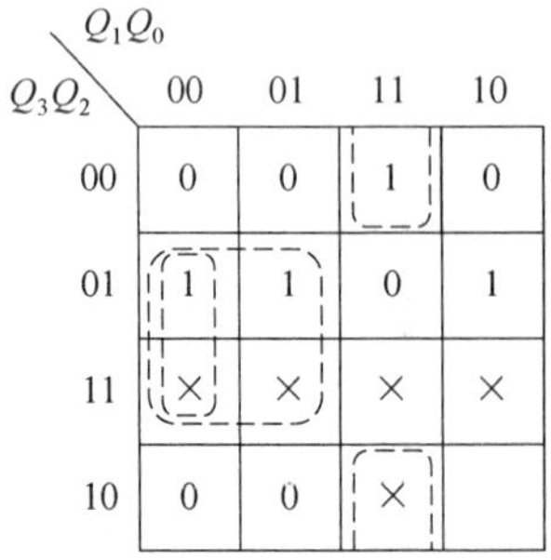

图 16-36　卡诺图

$$Q_2^* = Q_2 \overline{Q_1} + Q_2 \overline{Q_0} + \overline{Q_2} Q_1 Q_0$$

图 16-37　卡诺图

Q_3Q_2 \ Q_1Q_0	00	01	11	10
00	1	0	0	1
01	1	0	0	1
11	×	×	×	×
10	1	0	×	×

图 16-38　卡诺图

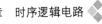

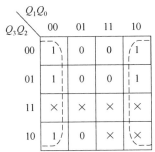

$$Q_1^* = Q_1\overline{Q_0} + \overline{Q_3 Q_1} Q_0$$

Q_3Q_2 \ Q_1Q_0	00	01	11	10
00	0	1	0	1
01	0	1	0	1
11	×	×	×	×
10	0	0	×	×

图 16-39　卡诺图

$$Q_0^* = \overline{Q_0}$$

表 16-9　真值表

现态				次态			
Q_3	Q_2	Q_1	Q_0	Q_3^*	Q_2^*	Q_1^*	Q_0^*
1	0	1	0	1	0	1	1
1	0	1	1	0	1	0	0
1	1	0	0	1	1	0	1
1	1	0	1	0	1	0	0
1	1	1	0	1	1	1	1
1	1	1	1	1	0	0	0

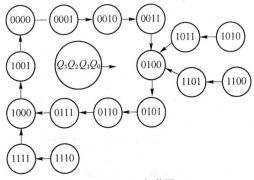

图 16-40　卡诺图

选择 JK 触发器得特征方程

$$Q_3^* = Q_3\overline{Q_0} + Q_2Q_1Q_0(Q_3 + \overline{Q_3}) = Q_3(\overline{Q_0} + Q_2Q_1Q_0) + Q_2Q_1Q_0\overline{Q_3}$$

$$J_3 = Q_2Q_1Q_0$$

$$K_3 = \overline{\overline{Q_0} + Q_2Q_1Q_0} = Q_0(\overline{Q_2} + \overline{Q_1} + \overline{Q_0}) = Q_0\overline{Q_2} + Q_0\overline{Q_1}$$

$$Q_2^* = Q_2(\overline{Q_1} + \overline{Q_0}) + \overline{Q_2}Q_1Q_0$$

$$J_2 = Q_1Q_0$$

$$K_2 = \overline{\overline{Q_1} + \overline{Q_0}} = Q_1Q_0$$

$$Q_1^* = Q_1\overline{Q_0} + \overline{Q_3Q_1}Q_0$$

$$J_1 = \overline{Q_3}Q_0$$

$$K_1 = \overline{\overline{Q_0}} = Q_0$$

$$Q_0^* = \overline{Q_0} \quad J_0 = K_0 = 1$$

图略

25. 试用 D 触发设计一个十一进制计数器。

解:因为电路必须有 11 个不同的状态，所以需要用四个触发器组成这个电路。如果已知电路的 11 个状态和循环顺序，则可画出表示电路状态的卡诺图，其真值表如表 16-10 所示，电路状态的卡诺图如图 16-41 所示。

表 16-10　真值表

计数顺序	电路状态				进位 C	计数顺序	电路状态				进位 C
	Q_3	Q_2	Q_1	Q_0			Q_3	Q_2	Q_1	Q_0	
0	0	0	0	0	0	6	0	1	1	0	0
1	0	0	0	1	0	7	0	1	1	1	0
2	0	0	1	0	0	8	1	0	0	0	0
3	0	0	1	1	0	9	1	0	0	1	0
4	0	1	0	0	0	10	1	0	1	0	1
5	0	1	0	1	0	11	0	0	0	0	0

$(Q_3{}^*Q_2{}^*Q_1{}^*Q_0{}^*)$

Q_3Q_1 \ Q_1Q_0	00	01	11	10
00	0001	0010	0100	0011
01	0101	0110	1000	0111
11	××××	××××	××××	××××
10	1001	1010	××××	0000

图 16-41　卡诺图

由卡诺图得到四个触发器的状态方程为

$$\begin{cases} Q_3^* = Q_3 Q_1' + Q_2 Q_1 Q_0 \\ Q_2^* = Q_2 Q_1' + Q_2 Q_0' + Q_2' Q_1 Q_0 \\ Q_1^* = Q_1' Q_0 + Q_3' Q_1 Q_0' \\ Q_0^* = Q_3' Q_0' + Q_1' Q_0' \end{cases}$$

输出方程为

$$C = Q_3 Q_1$$

由于 D 触发器的 $Q^* = D$，于是得到电路图，如图 16-42 所示。

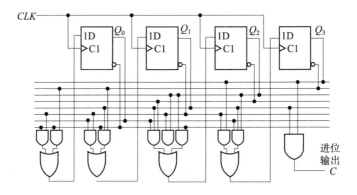

图 16-42　电路图

从状态方程和输出方程画出电路的状态转换图(图 16-43)，可见电路能够自启动。

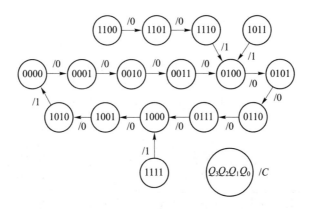

图 16-43　状态转换图

26. 设计一个串行检测器，当电路中出现 1110 的序列时，电路输出 1；否则输出 0。

解：画出状态转换图，如图 16-44 所示。

用 X(1 位)表示输入数据，用 Y(1 位)表示输出(检测结果)

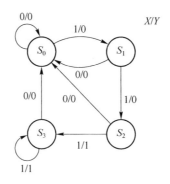

图 16-44　状态转换图

化简状态转换图,如图 16-45 所示。

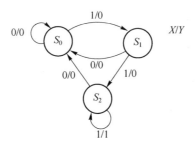

图 16-45　化简后的状态转换图

令 Q_1、Q_0 为 00、01、10,则

X \ Q_1Q_0	00	01	11	10
0	00/1	00/0	××/×	00/0
1	01/0	10/0	××/×	10/1

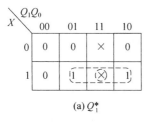

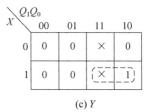

(a) Q_1^*　　　　　(b) Q_0^*　　　　　(c) Y

图 16-46　卡诺图

(a) $Q_1^* = XQ_1 + XQ_0$;(b) $Q_0^* = XQ_1'Q_0'$;(c) $Y = XQ_1$

选用 JK 触发器,求方程组

$$Q_1^* = XQ_1 + XQ_0(Q_1 + Q_1') = (XQ_0)Q_1' + (X')'Q_1$$

$$J_1 = XQ_0, K_1 = X'$$
$$Q_0^* = XQ_1'Q_0' = (XQ_1')Q_0' + 1'Q_0$$
$$J_0 = XQ_1', K_0 = 1$$

画逻辑图,如图 16-47 所示。

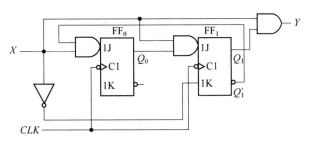

图 16-47　逻辑图

参 考 文 献

[1] 董晓聪.电路分析实验[M].杭州:浙江大学出版社,2004.

[2] 杨炎.电路分析实验教程[M].北京:人民邮电出版社,2012.

[3] 唐庆玉.电工技术与电子技术实验指导[M].北京:清华大学出版社,2004.

[4] 王鲁云,张辉.模拟电路实验教程[M].大连:大连理工大学出版社,2010.

[5] 谭爱国,浓易,顾秋洁,等.模拟电子技术实验及综合设计[M].西安:西安电子科技大学
    出版社,2015.

[6] 侯传教.数字逻辑电路实验[M].北京:电子工业出版社,2009.

[7] 郁汉琪.数字电路实验及课程设计指导书[M].北京:中国电力出版社,2007.

[8] 卢明智.数字电路创意实验[M].北京:科学出版社,2012.

[9] 王连英.电子电路 EWB 仿真实验[M].南昌:江西高校出版社,2005.

[10] 傅恩锡,杨四秧.电路分析简明教程[M].2 版.北京:高等教育出版社,2009.